청소년, 교사, 학부모를 위한

체험학습으로 만나는

제주신화

청소년, 교사, 학부모를 위한

체험학습으로 만나는 제주신화

초판 1쇄 2021년 6월 30일
글 여연 | **사진** 김일영
편집 북지육림 | **본문디자인** 운용 | **제작** 제이오
펴낸곳 지노 | **펴낸이** 도진호, 조소진 | **출판신고** 제2019-000277호
주소 서울특별시 마포구 월드컵북로 400, 5층 19호
전화 070-4156-7770 | **팩스** 031-629-6577 | **이메일** jinopress@gmail.com

ISBN 979-11-90282-26-0 (43980)

청소년, 교사, 학부모를 위한

체험학습으로 만나는

제주신화

여연 글 · 김일영 사진

여는 글

여행객들의 발길이 사계절 끊이지 않는 제주도! 아름답고 이색적인 자연경관을 지닌 제주도는 학생들의 단체여행지로 손꼽히는 곳입니다. 매년 많은 학생들이 제주도 여행으로 즐거운 추억을 쌓아가지요.

이 책은 제주를 찾는 학생들이 제주의 산과 바다 그리고 마을길을 걸으며 보석처럼 빛나는 이야기들을 만나고, 제주의 역사와 문화를 체험할 수 있도록 기획되었습니다. '제주신화를 테마로 한 체험학습'이 바로 그것입니다. 우리 아이들이 친구들과 함께하는 학창 시절의 소중한 제주 체험이 단순한 관광이나 놀이에서 그치지 않고, 한 걸음 더 나아가, 앞으로의 삶을 더한층 풍부하게 하는 데 도움이 되길 바라는 마음입니다.

제주도는 2002년 유네스코 생물권보전지역, 2007년 세계자연유산, 2010년 세계지질공원으로 지정되었습니다. 제주는 이

렇게 유네스코 자연과학분야 3관왕에 모두 등재된 세계적으로도 보기 드문 귀중한 자연유산을 가지고 있습니다. 그리고 이러한 자연유산 못지않게 풍부한 이야기들을 간직하고 있는 곳이 바로 제주입니다.

제주는 고려시대 이전까지 탐라국이라는 독자적 국가로 존재했고, 조선시대에는 200여 년 동안 출륙금지령으로 묶여 있어 외부와 교류가 되지 않는 고립된 섬이었습니다. 이러한 역사적 배경이 신화들을 풍부하게 간직해올 수 있게 한 것이지요. 그래서 제주를 '신화의 섬, 1만 8천 신들의 고향'이라고 합니다.

신화는 인간의 근원 문제를 다루고 있어 인생을 성찰하게 하고 자연에 대한 이해를 깊게 해줍니다. 제주신화를 바탕으로 한 예술작품들이 활발하게 창작되고 있는 이유이기도 합니다. 따라서 제주신화와 만나는 체험학습이 학생들의 상상력을 키우고, 문화적 안목을 갖추는 데 자양분이 될 것입니다.

본문은 먼저 제주로 떠나기 전 제주에 대한 전반적인 이해를 돕기 위해서 '화산섬 제주', '탐라왕국이었던 제주', '신화의 섬, 제주'에 대한 간략한 설명을 담았습니다. 그리고 이어서 제주신화를 주제로 한 탐방 코스를 다양하게 제공하여 실제 여행할 때 도

움이 될 수 있도록 구성하였습니다.

먼저 제주창조신화를 테마로 한 돌문화공원을 탐방하고, 화산 활동으로 만들어진 곶자왈 숲을 기차로 여행하고 나서, 신화마을 송당의 마을길을 걸으면서 신들의 이야기를 듣게 될 것입니다.

다음으로 고려시대까지 존재했던 탐라왕국의 건국신화 유적지인 삼성혈을 둘러보고, 자연사박물관에서 제주의 자연과 풍속에 대한 사전지식을 얻을 수 있도록 했습니다. 이후 성산포 삼성신화 유적지인 혼인지를 거쳐 제주의 창조신 설문대할망과 관련이 있는 성산일출봉으로 안내했습니다.

제주는 180만 년 전부터 수천 년 전까지의 화산 활동으로 형성된 섬입니다. 그래서 세 번째 코스는 화산섬 제주의 지질공원 탐방입니다. 한경면 수월봉과 그 옆의 차귀도를 둘러보며 그곳에 전하고 있는 전설과 함께하게 될 것입니다. 역시 화산 활동의 결과로 형성된 산방산과 용머리해안, 한반도 최남단에 위치하고 있는 섬 속의 섬 마라도에서도 신화와 전설을 만날 수 있습니다.

세계지질공원 제주의 자연과 그곳에 전해지는 신화와 전설을 체험할 수 있는 또 다른 코스는 김녕 지역입니다. 김녕은 화산동굴 위에 자리한 바닷가마을입니다. 이곳에는 신화 또한 풍부하게 전해지고 있어 아름다운 자연경관, 지질공원, 신화까지 감상할 수 있는 여정으로 꾸며보았습니다.

마지막으로 안내한 코스는 감귤이 노랗게 익어가는 아름다운 서귀포마을입니다. 바닷가마을 보목동에서 신화의 현장을 걸어보고, 서귀포 앞바다가 한눈에 내려다보이는 제지기오름에 오르고 나서, 솔동산에 위치한 서귀본향당에서 바람의 신과 두 자매의 이야기를 들어보세요. 그리고 제주에서 살았던 소의 화가 이중섭미술관을 둘러보며 그의 예술 세계를 감상하는 기회도 가져볼 수 있도록 했습니다.

체험학습 일정으로는 다소 많은 코스를 소개한 것은 여건에 따라 자유롭게 선택할 수 있도록 하려는 의도에서입니다. 학생들의 체험학습에서 단체 수학여행, 혹은 가족과 함께하는 문화기행까지 여러 가지 여행 설계가 가능하도록 하였습니다.

이곳에 제시한 코스들을 바탕으로 아름다운 제주에서 신화와 만나고 바닷길, 마을길을 걸으며 제주의 자연과 그곳에 살고 있는 사람들의 삶도 가까이 들여다보는 계기가 되었으면 좋겠습니다. 더불어 이러한 체험을 바탕으로 더욱 알차고 깊이 있는 여행을 스스로 설계할 수 있기를 바랍니다.

마지막으로 학생들의 인문학적 소양을 높일 수 있는 책들을 꾸준히 출판해오고 있는 지노출판 대표님께 경의를 표하고 싶습니다. 특히 제주신화에 대한 깊은 애정으로 학생들의 체험학습이 제주신화와 연결되어 알찬 열매를 맺을 수 있도록 지원해주셔서 다시 한 번 감사의 말씀을 드립니다.

2021년 6월

여연, 김일영

차례

넷. 전설과 함께하는 지질 트레킹

다섯. 신화마을 김녕과 영웅신 궤네기또

여섯. 옛이야기 속닥속닥 아름다운 서귀포

하나.

제주는 이런 곳이야

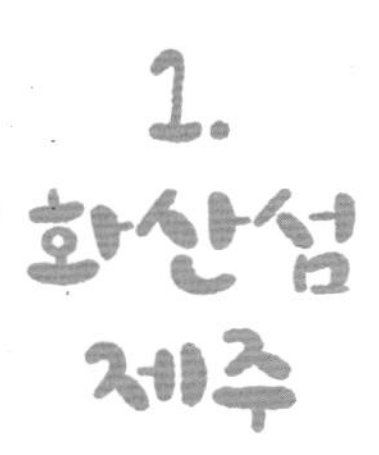

제주도는 약 180만 년 전에서 수천 년 전까지의 화산 활동에 의해 형성된 화산섬입니다. 제주도가 탄생하기 전에 이곳은 그저 얕은 바다였죠. 그런데 180만 년 전에서 약 55만 년 전까지 긴 시간이 흐르는 동안 바다 밑에서 올라온 뜨거운 마그마가 바닷물과 만나 폭발하면서 수성화산체가 만들어졌습니다. 그 수성화산체가 깎이고 쌓이며 넓은 대지가 만들어진 것입니다.

이렇게 형성된 대지에 또다시 화산 폭발이 계속해서 일어났고, 새롭게 분출한 용암들이 지금의 한라산과 360여 개의 화산분석구인 오름들을 만들었습니다. 이때 용암들이 흘러가면서 120여 개의 용암동굴도 만들어졌습니다. 특히 검은오름에서 분출된 용암이 10여 개의 용암동굴을 만들었는데, 경관 및 학술적 가치를 인정받아 유네스코 세계자연유산으로 등재되었습니다.

하늘에서 내려다본 제주도

화산 활동으로 만들어진 한라산

제주도에서 가장 오래된 화산체는 산방산 바로 앞에 있는 '용머리해안'으로 약 120만 년 전에 태어났다고 합니다. 그리고 해맞이 관광지로 유명한 성산일출봉은 약 5천 년 전에 태어났습니다. 성산일출봉은 원래 제주도에서 떨어져 있었지만 바람과 파도에 흙이 깎이고 쌓이면서 제주도와 연결되었다고 하네요. 섬 속의 섬 비양도 역시 화산 활동에 의해 형성되었습니다. 그래서 비양도에서는 야외 지질박물관을 걸으며 체험할 수 있습니다.

산방산과 한라산

본섬과 연결된 성산일출봉

협재해수욕장에서 바라본 화산섬 비양도

2.
고려시대까지 존재했던 탐라왕국

제주도는 원래 독립국가의 영토였습니다. 바로 탐라국이었죠. 그래서 지금도 '탐라'라는 말을 많이 씁니다. '탐라문화제'라든가, '탐라교육원', '탐라중학교' 등 '탐라'는 제주의 또 다른 이름입니다.

탐라왕국은 선사유적 등을 근거로 대략 기원 전후에 철기문화를 바탕으로 형성된 국가였다고 추정하고 있습니다. 고구려, 백제, 신라의 건국신화가 있는 것처럼 탐라국에도 건국신화에 해당하는 '삼성신화'가 전해지고 있답니다. 이 신화에 따르면, '양을나, 고을나, 부을나'라고 하는 세 신인이 모흥혈이라는 땅속에서 솟아났고, 이들이 벽랑국에서 온 세 공주와 혼인하여 왕국을 건설했다고 합니다. 그러니까 성씨 중 양씨와 고씨와 부씨가 제주의 시조인 셈이죠.

탐라왕국을 세운 삼신인이 솟아났다는 모흥혈

삼양동에 위치한 선사 유적지

탐라왕국에 대한 역사 기록은 거의 없지만, 탐라국이 주변 국가와 교역했음을 알려주는 유물이 발견되기도 했습니다. 1928년 제주 산지항만부두 공사 때 기원 후 1세기의 중국 화폐가 발견되었는데, 이를 근거로 탐라국은 중국 등과 활발하게 교역했다고 보고 있습니다.

그러면 탐라국은 언제까지 존재했을까요? 탐라국은 고려시대에 왕국으로서의 생명을 다했습니다. 『고려사』 숙종 10년(1105년)에 "고려가 탁라를 고쳐 탐라군으로 만들었다"는 기록이 있는데, 이에 근거하여 고려 중엽에 고려에 흡수된 것으로 보고 있지요. 중앙에서 지방관이 파견된 것은 고려 의종 7년(1153년)에 이르러서이며, 탐라에서 제주로 이름이 바뀐 것은 고종 10년인 1223년이라고 합니다.

3. 신화의 섬, 제주

보통 신화하면 그리스·로마신화를 떠올리는데, 그리스·로마 못지않게 풍부한 신화를 가지고 있는 곳이 바로 제주도입니다. 그래서 제주를 1만 8천 신들의 고향이라고 하지요.

제주도 신화를 살펴보면, 천지창조와 관련 있는 천지왕본풀이부터 농경신 자청비 이야기인 세경본풀이, 영혼을 저승으로 데려가는 강림차사의 차사본풀이, 운명과 직업을 관장하는 가문장아기 이야기인 삼공본풀이, 환생꽃과 번성꽃과 웃음웃을꽃 등 온갖 꽃들이 자라고 있는 서천꽃밭의 이공본풀이, 아기를 점지해주고 15세까지 키워주는 삼승할망본풀이 등 각 직능을 대표하는 신들의 서사가 흥미진진하게 펼쳐집니다.

제주의 마을에도 신들의 이야기가 전해지고 있습니다. 마을마다 신들을 모시는 신당이 두세 개는 기본으로 많게는 예닐곱

개까지 존재하고 있는데, 마을에 좌정하고 있는 신들의 이야기를 당본풀이 혹은 당신화라고 합니다. 그러니까 마을마다 그 마을에 좌정하고 있는 신들의 이야기가 전해지고 있는 것이지요.

마을 사람들이 신을 모시고 있는 성소. 이곳의 나무를 신목이라 한다.

마을에 좌정하고 있는 신들은 마을 사람들의 생업과 관련이 있습니다. 농사를 주로 하는 마을에는 농경신을 모시고 있고, 바다를 밭으로 일구고 있는 해촌마을에는 풍어를 기원하는 도깨비영감신과 해녀들의 무사 안녕을 지켜주는 용왕신 등을 모시고 있습니다. 목축을 주로 하는 산간 지역은 아직도 사냥신이자 목축신인 산신을 모시고 있지요.

옥황상제 막내딸인 별공주아기씨가 내려와 아기를 점지해주는 산육신으로 좌정하고 있는 마을도 있습니다. 용궁에서 온 셋째 공주는 주로 바닷가 마을에 좌정하여 피부병 등을 관장하고 있으며, 여성의 순결을 지켜주는 뱀신 방울아기씨가 좌정한 당은 서귀포 지역에 넓게 분포하고 있습니다.

따라서 마을에 좌정하고 있는 신들의 이야기를 좇아가다 보면 마을의 역사와 문화는 물론이고, 그곳에 뿌리를 내리고 살아온 사람들의 삶을 엿볼 수 있습니다.

벼락장군을 모신 와산마을의 베락당

제주의 신들을 그려넣은 초등학교 건물(대별왕 소별왕 형제와 아름다운 농경신 자청비)

도깨비 영감신을 모시고 대접하면서 풍어를 기원하는 영감놀이 장면

4.
천지개벽신화로 제주 읽기

세계 여러 민족에게는 천지창조에 대한 신화가 전해 내려오고 있습니다. 중국의 천지개벽신화를 보면, 세상은 천지가 나뉘지 않은 채 혼돈으로 가득 찬 알이었다고 합니다. 그런데 1만 8천 년 동안 잠을 자던 반고가 알을 깨고 나와 머리로 하늘을 밀어 올리고, 발로 땅을 누르면서 드디어 하늘과 땅이 나뉘고 천지개벽이 이루어졌다는 것입니다.

제주에도 이러한 천지개벽신화가 전해지고 있습니다. 바로 천지왕본풀이가 그것입니다. 우리나라에서 제대로 서사를 갖춘 천지개벽신화는 천지왕본풀이뿐이라고 말하기도 합니다. 그러면 제주 사람들은 세상이 어떻게 시작되었다고 생각했는지 신화를 통해서 천지창조의 순간을 상상해봅시다.

태초에 천지는 혼돈 상태에 있었다. 온 세상이 하나의 덩어리로 하늘과 땅이 구분 없이 맞붙어 깜깜한 어둠만이 출렁이고 있었다.

이 깜깜한 어둠의 세계에 천지개벽의 기운이 돌기 시작했다. 갑자 년 갑자 월 갑자 일 갑자 시에 하늘의 머리가 자방으로 열리고, 을축 년 을축 월 을축 일 을축 시에 땅의 머리가 축방으로 열리면서 하늘과 땅 사이에 금이 생겼다. 그러자 하늘과 땅이 서서히 벌어지더니 시루떡 한 판 뚝 떼어내듯이 떨어져나갔다. 그 사이로 산이 불끈불끈 솟구쳐 오르고 물이 흘러내리기 시작했다.

하늘에서 내린 푸른 이슬과 땅에서 솟아난 검은 이슬이 서로 어우러지더니 세상 만물이 쉬지 않고 만들어졌다. 사람이 생겨나고 짐승과 물고기가 고개를 내밀었다. 풀과 나무들이 싹을 틔우자 곤충들도 생겨나 노래를 불렀다.

동쪽하늘엔 푸른 구름, 서쪽하늘엔 흰 구름, 남쪽으로 붉은 구름, 북쪽으로 검은 구름이 떠다니고 가운데는 노란 구름도 피어올랐다. 별들이 하나둘 생겨나더니 금세 하늘 가득 채우며 반짝거렸다. 동쪽에는 견우성, 서쪽에는 직녀성, 남쪽에는 노인성, 북쪽에는 북두칠성, 중앙에는 삼태

성이 자리를 잡았다. 그러나 아직도 세상은 어둠 속에 잠겨 있었다.

이제 시간은 무르익었다. 하늘에서 천황닭이 목을 빼들고 울자 땅에서는 지황닭이 날개를 치기 시작했다. 하늘과 땅 사이에서 인황닭이 꼬리를 흔들며 크게 우니 드디어 먼동이 트기 시작했다. 그러자 하늘과 땅이 활짝 열리면서 천지개벽이 이루어졌다.

천지개벽이 된 이 세상! 옥황상제 천지왕이 해와 달을 둘씩 내보내 온 세상을 환히 비추도록 했다. 해와 달이 둘씩 하늘에 떠 있게 된 것이다. 그러자 낮에는 너무 뜨거워 말라 죽는 생명들이 넘쳐났고, 밤에는 너무 추워서 얼어 죽는 목숨들이 줄을 이었다. 게다가 풀과 나무와 날짐승 길짐승 그리고 사람들이 서로 말을 하면서 달려드니 뒤죽박죽이 되어 세상은 혼란스럽기 그지없었다.

옥황상제 천지왕은 어지러운 세상을 내려다보면서 근심에 휩싸였다. 묘책이 없나 아무리 궁리를 해봐도 뾰족한 해결책이 떠오르지 않았다.

천지왕이 시름에 잠겨 하루하루 지내는 가운데 어느 날 문득 꿈을 꾸었다. 웬 사내아이 둘이 나타나더니 해와 달을 하나씩 삼켜버렸고, 어지럽던 세상이 곧 조용해지면서 평화로워졌다.

꿈에서 깬 천지왕은 자식을 얻으면 문제를 해결할 수 있을 것이라고 생각했다. 그리고 그 자식은 하늘의 기운과 땅의 기운을 모두 받고 태어나야 하리라. 그러기 위해서는 지상의 여인을 배필로 맞이해야 한다는 것을 깨달았다. 천지왕은 지상의 여인을 찾기 위해서 잠시 하늘옥황을 떠나 있기로 했다.

지상으로 내려온 천지왕은 지혜로운 여자를 찾아 이리저리 다니다가, 어느 조용한 마을의 총명이라는 여자를 보는 순간 자신의 배필임을 알아보았다.

천지왕과 혼례를 올리고 같이 살게 된 총명부인은 천지왕을 위해 진지를 지어 올리고자 했으나 쌀 한 톨 남아 있지 않았다. 총명부인은 하는 수 없이 소문난 부자인 수명장자에게 가서 쌀 한 되 꿔달라고 부탁했다. 수명장자는 하얀 모래를 섞어 쌀 한 되를 만들어서는 거들먹거리며 내주었다.

총명부인은 집에 와서 모래 섞인 쌀을 아홉 번 씻고 아홉 번 일어 정성으로 밥을 지었다. 천지왕이 기쁜 마음으로 밥 한 술 뜨는데, 첫 숟가락부터 모래가 씹혔다.

천지왕이 얼굴을 찌푸리며 말했다.

"총명부인, 어찌해서 첫 숟가락부터 모래가 씹힙니까?"

총명부인이 너무나 죄송해서 고개를 숙이며 사실대로 말하였다.

"밥 지을 쌀 한 톨 없어 수명장자에게 쌀 한 되 꾸러 갔는데, 수명장자가 쌀에 모래를 섞어 주는 바람에 아홉 번 씻고 아홉 번 일어도 깨끗이 걸러내지를 못했습니다."

이를 들은 천지왕이 크게 화를 내면서 수명장자의 행실을 낱낱이 밝혀보았다.

"괘씸하구나. 수명장자가 가난한 사람들한테 쌀 꿔주면서 백모래 섞고, 좁쌀 꾸러 간 사람들에게 흑모래 섞어 주었구나. 그것도 작은 말로 꿔주었다 돌려받을 때 큰 말로 받아내면서 부자가 되었던 것이로다."

천지왕은 벼락장군을 불러 벼락을 치게 해서 수명장자의 집을 태워 버렸다. 이렇게 해서 가난한 사람들 없는 살림 빼앗아다가 부자가 된 사람들을 벌하게 하는 지상의 법이 만들어지게 되었다.

천지왕이 총명부인과 살림을 차려 지내는 가운데 총명부인에게 태기가 있었다. 그러나 하늘나라를 비워둔 지도 오래되어 천지왕은 서둘러 하늘옥황으로 떠나야만 했다.

천지왕은 총명부인의 손을 잡고 당부하였다.

"이제 아들 형제가 나올 것이니 큰 아들은 성은 강씨 '대별왕'이라 이름 짓고, 작은 아들은 성은 풍씨 '소별왕'이라 이름 짓도록 하시오."

총명부인은 섭섭한 마음을 가누면서 천지왕에게 간청했다.

"이렇게 가버리면 언제 다시 만날 것이며, 아이들이 아비를 찾은들 어찌 일러줄 수 있습니까? 아이들이 애비 없는 설움을 받지 않게 증거물을 두고 갑서."

천지왕은 총명부인에게 박씨 두 개를 주었다.

"아이들이 나를 찾거들랑 이 씨앗을 담 밑에 심게 하시오. 그러면 나를 보게 될 것이오."

천지왕은 총명부인을 남겨두고 하늘옥황으로 올라가버렸다.

그로부터 달이 차서 총명부인은 아들 형제 쌍둥이를 낳았다. 아들 형제는 어려서부터 똑똑하고 지혜로웠다. 힘도 장사여서 올레 밖 삼거리 커다란 바위를 번쩍 들어 다른 곳으로 던져버리기도 했다. 이를 본 동네 사람들이 놀라 입을 다물지 못했다.

아이들은 사냥하는 것을 좋아했는데, 스스로 활을 만들어 숲 속의 날랜 짐승을 잡아오고, 날아가는 새를 쏘아 맞히기도 했다.

아이들 나이 열다섯이 되자 서당에 가게 되었다. 형제는 서당으로 가 다른 아이들 틈에서 열심히 공부했다.

형제는 서당에서 곧 두각을 나타냈다. 어찌나 총명한지 하나를 가르치면 열을 깨우쳤다. 그러니 같이 공부하는 동무들이 도저히 따라갈 수가 없었다. 자신들보다 늦게 공부를 시작했는데 일취월장 앞서가는 형제를 시샘한 아이들은 대별왕 소별왕에게 '애비 없는 호래자식'이라 놀려댔다.

놀림을 받은 형제는 울면서 집으로 달려가 어머니께 따져 물었다.

"어머님, 왜 우리는 아버지가 없습니까? 요즘 글공부하는 동무들이 저희들에게 애비 없는 호래자식이라 놀리고 있습니다. 어머님, 저희 아버지는 누구인지 말씀해주십서."

총명부인은 때를 기다렸다는 듯이 아들 형제의 손을 잡으며 조용히 말했다.

"잘 들어라. 너희들은 애비 없는 호래자식이 아니다. 너희들은 하늘나라 옥황상제 천지왕의 아들들이니라."

형제는 놀라 입을 다물지 못했다.

"정말 저희들이 옥황상제 아들들이란 말입니까? 저희들이 옥황상제의 자식이라고 하면 누가 믿습니까? 무슨 증거라도 있습니까?"

총명부인은 그간 있었던 일을 소상히 들려주고는 박씨 두 개를 내주었다.

"너희 아버지 천지왕께서 자식이 커서 애비를 찾으면 이 박씨를 심어보라 하셨다."

형제는 박씨를 담 밑에 심었다. 그러자 금세 싹이 트더니 쑥쑥 자라 덩굴이 하늘로 올라갔다. 형제는 그제야 덩굴을 타고 하늘로 올라가면 아버지를 만날 수 있다는 걸 깨달았다.

형제는 어머님과 작별하고 덩굴을 붙잡아 오르기 시작했다. 이 가지 저 가지 밟아가면서 덩굴을 타고 하늘로 올라가는데 덩굴은 하늘나라 옥황상제의 용상 왼쪽 뿔에 감겨져 있었다.

형제가 용상에 다다랐으나 용상은 비어 있었고, 주위엔 아무도 보이지 않았다.

"이 용상은 비어 있는 것이 임자 없는 용상이로구나!"

대별왕 소별왕은 용상에 타고 앉아 들썩이며 놀았다. 대별왕 소별왕이 번갈아가며 왼쪽 뿔을 잡고 흔들다가 그만 왼쪽 뿔이 부러지고 말았다. 워낙에 힘이 장사였기 때문이다. 겁이 덜컥 난 형제는 그제야 용상에서 내려왔다.

그로부터 우리나라 임금님은 왼쪽 뿔이 없는 용상에 앉게 되었다.

용상 옆을 보니 천 근이나 되는 활에 백 근이나 되는 화살이 놓여 있었다. 활과 화살은 어찌나 무거운지 하늘옥황에서 그 누구도 들어본 적이 없었다.

그러나 힘이 장사인 대별왕이 용상에서 내려와 활을 번쩍 들었다.

"아이고, 하늘옥황 활은 아주 대단하구나! 이걸로 뭘 하나 쏘아볼까?"

사방을 둘러보다 저쪽에 번쩍이는 두 개의 해를 발견하였다.

"땅위의 산 목숨들은 해가 둘이나 되니 더워 살기가 어렵다. 그러니 내가 저 해 하날 쏘아버리리라."

대별왕은 활시위를 당겨 해 하나를 쏘아 맞추고는 동해바다로 떨어뜨려버렸다.

무엇이든 형이 하는 거라면 지지 않고 따라 하는 소별왕도 활과 화살을 들었다. 소별왕이 주위를 둘러보자 저쪽에서 차갑게 빛나고 있는 두 개의 달을 발견했다.

"달이 두 개나 되니 밤에 추워 견디기 어렵다. 난 저 달 하나를 쏘아 버리리라!"

소별왕은 자신 있게 소리치며 화살을 쏘아 달 하나를 맞추고는 서해 바다로 떨어뜨려버렸다.

해 하나 달 하나를 쏘아 맞힌 형제가 문득 뒤를 돌아보니 옥황상제 천지왕이 서 있었다. 천지왕은 자신의 아들들을 바라보며 흐뭇하게 웃고 있었다.

"내 아들들이 바라는 바대로 타고난 임무를 훌륭히 수행했구나. 장하다!"

옥황상제는 아들들의 손을 잡고 고개를 끄덕였다. 그제야 대별왕 소별왕도 아버지를 만난 기쁨에 눈물을 흘렸다.

옥황상제는 대별왕 소별왕에게 말했다.

"너희들은 타고난 임무를 훌륭히 수행했으니 앞으로 이승과 저승을 맡아서 다스리도록 허라. 대별왕은 해를 쏘아 맞혔으니 이승을 다스리고, 소별왕은 달을 쏘아 맞혔으니 저승을 다스리는 게 좋겠다."

대별왕은 그러겠다고 대답을 했으나 소별왕은 고개를 숙인 채 가만히 있었다. 자신이 이승을 차지하고 싶었기 때문이다.

천지왕이 자리를 뜨자마자 소별왕은 형에게 제안했다.

"형님, 우리 수수께끼를 내기를 해서 이기는 자가 이승법을 차지하고 지는 자가 저승법을 차지하도록 합시다."

너그러운 대별왕은 순순히 응낙하고 먼저 문제를 내었다.

"설운 아우야, 어떤 나무는 주야평생 잎이 아니 지고 어떤 나무는 잎이 지느냐?"

"형님, 마디가 짧은 나무는 잎이 아니 지고, 속이 빈 나무는 잎이 집니다."

"모르는 소리 말라. 푸른 대나무는 속이 비어도 잎이 지지 않는다."

소별왕이 입을 삐죽 내밀었다.

"아우야, 무슨 이유로 동산에 풀은 제대로 자라지 못하고 고랑에 풀은 무럭무럭 잘 자라느냐?"

"형님, 삼사월 샛바람에 봄비 오니 동산에 흙은 아래로 내려가버려서 동산 위 풀은 잘 자라지 못하고, 고랑의 풀은 길게 잘 자랍니다."

"아우야, 모르는 소리 말라. 어떤 일로 인간의 머리털은 길어지고 발등의 털은 짧아지느냐?"

소별왕은 더 이상 대답을 할 수가 없었다. 그래도 소별왕은 이승을 포기할 수 없어 다시 꾀를 내었다.

"형님, 꽃이나 심어 잘 자라게 하는 사람이 이승법 다스리고 꽃을 시들게 한 사람은 저승법 다스리도록 합시다."

대별왕은 이번에도 순순히 응낙했다.

형제는 지부왕에게 가서 꽃씨를 받아왔다. 둘은 꽃씨를 은동이, 놋

동이, 주수리남동이에 각각 심었다. 그런데 대별왕이 심은 꽃들은 무럭무럭 잘 자라는데 소별왕이 심은 꽃들은 시들시들 제대로 잘 자라지 못했다. 소별왕이 가만히 보니 이대로 놓아두면 자기가 질 것이 뻔했다. 소별왕은 다시 꾀를 내었다.

"형님, 기다리지만 말고 그사이 잠이나 잡시다."

"그러지 않아도 피곤했는데 잘되었다. 그럼, 한숨 잠이나 자볼까."

대별왕은 눈을 감자마자 코를 골며 깊이 잠들어버렸다. 소별왕은 눈을 감고 자는 척하다가 형이 깊이 잠 든 걸 보고는 얼른 형의 꽃과 자기 꽃을 바꾸어놓았다. 그러고는 시치미를 떼면서 형을 깨웠다.

"형님, 벌써 대낮입니다. 점심 먹을 시간이 되었으니 일어나십서."

대별왕이 일어나보니 자신이 심은 꽃은 동생 앞으로 가 있고, 동생이 심은 꽃은 자기 앞에 놓여 있었다. 그제야 대별왕은 꽃이 뒤바뀐 걸 알았다. 그래도 대별왕은 순순히 결과를 받아들였다.

"아우야, 할 수 없구나. 네가 이승을 맡아서 다스리도록 하라. 하지만 이승을 다스리는 것이 결코 쉽지가 않을 것이다. 인간들에게는 살인 사건이 연이어 일어날 것이요, 나라를 혼란에 빠뜨리는 역적도 많을 것이다. 거기다가 도둑질하는 사람도 사방에 가득하리라."

대별왕은 저승으로 떠나면서 아우에게 당부했다.

"이 세상을 어떡하든지 간에 잘 다스려보라. 나는 저승으로 가마. 저승법은 맑고 공정한 법이다."

이승으로 내려온 소별왕이 이 세상을 살펴보니 형님 말대로 어지럽기 그지없었다. 풀과 나무와 짐승들이 서로 말을 하며 세상은 뒤범벅이고, 산 사람 죽은 사람 구분 없이 서로가 서로를 부르면서 말을 섞고 있었다. 게다가 살인, 도둑질 등으로 세상이 난장판인 데다가 남녀 할 것 없이 제 가족 나두고 남의 배우자와 어울리면서 혼란을 부추기고 있었다.

소별왕은 어떻게 해야 이 혼란을 바로잡을 수 있을지 알 수가 없었다. 그제야 자신은 이승을 다스릴 능력이 부족함을 깨달았다.

소별왕은 견디다 못해 대별왕을 찾아갔다.

"형님, 도와주십서. 나의 헛된 욕심으로 이승을 차지했으나 이 혼란을 바로잡을 수가 없습니다."

동생의 청을 거절할 수가 없어 대별왕은 잠시 저승을 떠나 이승으로 왔다. 대별왕은 먼저 소나무 껍질로 가루를 내서 세상에 뿌렸다. 그러자 풀과 나무와 모든 짐승들이 굳어져서 말을 못하게 되었다. 그래서 사람들만 말을 할 수 있게 하자 세상은 어느 정도 질서가 잡혔다.

다음으로 저울을 가지고 귀신과 사람들을 구분하기 시작했다. 저울을 달아 백 근이 차는 것은 인간으로 보내고, 백 근이 못 되는 것은 귀신으로 처리하였다.

쉬지 않고 일을 하다 보니 대별왕은 지쳤다.

"아우야, 이제 자연의 질서는 바로 잡혔으니 나는 저승으로 돌아가야겠다. 사람들 사이에서 벌어지는 일들은 사람들이 스스로 이겨내도록 내버려두라."

이렇게 해서 사람들 사이에 벌어지는 혼란은 사람들 스스로 바로잡기 위해 노력해야만 했다. 그러니까 아직도 인간들 사이에 온갖 범죄가 끊이지 않고, 사람이 사람을 해치는 등 세상이 어지러운 것은 소별왕이 능력이 부족하면서도 헛된 욕심을 부려 이승을 차지했기 때문이다.

여행 메모

제주에 대해 기존에 알고 있는 사전지식이 있다면 적어봅시다.

이 글을 읽고 새롭게 알게 되었거나 흥미를 끄는 내용이 있다면 정리해보세요.

이번 '제주신화와 만나는 체험학습'에서 가장 기대하고 있는 것은 무엇인지 간단하게 적어보세요.

기존에 알고 있는 제주신화나 앞에 제시한 신화 중에서 흥미를 끄는 게 있다면 간단하게 정리해봅시다.

둘.

여행의 시작, 제주의 여신 설문대와 백주또

여행 일정

돌문화공원

↓

에코랜드

↓

(점심)

↓

송당본향당

↓

당오름

↓

송당초등학교

제주의 대표적인 여신은 설문대할망과 백주또입니다. 설문대할망은 제주의 만들었다고 하는 창조의 여신이고, 백주또는 마을을 지키는 신들의 어머니입니다. 이번 코스는 설문대할망과 백주또를 만나는 여정입니다.

제주 돌문화공원은 설문대할망신화를 테마로 한 생태공원입니다. 그리고 백주또가 좌정하고 있는 송당은 제주의 대표적인 신화마을이지요. 돌문화공원과 송당마을을 걸으면서 제주의 여신들을 만나보세요. 에코랜드에서 기차를 타고 제주의 원시림인 곶자왈을 누비면서 숲이 주는 꿀맛 같은 휴식도 맛보시기 바랍니다.

1.
화산석으로 만나는 제주창조신화, 돌문화공원

돌문화공원 입구 표지석

위치 : **제주시 조천읍 남조로 2023**

예상 소요 시간 : **3시간**

거리 : **제주 공항이나 서귀포시에서 버스로 약 40분**

입장료 : **청소년 3,500원, 단체 2,800원**

제주돌문화공원은 제주도를 창조한 여신 설문대할망과 오백장군 신화를 테마로 하는 생태공원입니다. 여기에 제주 돌문화의 과거, 현재, 미래를 생생하게 느껴볼 수 있도록 돌박물관과 야외 전시장 등을 조성해놓고 있습니다. 한라산 자락 드넓은 대지에 펼쳐놓은 화산석들 속에서 제주의 이야기가 재미있게 펼쳐집니다.

제주의 창조신 설문대할망은 거대한 체구를 가지고 있는 여신입니다. 중국의 창조신 '반고'나 그리스 신화의 티탄족처럼 말이죠. 중국의 창조신 반고는 머리로는 하늘을 떠받치고, 발로는 대지를 딛고 있었다고 하지요. 설문대할망은 그 정도의 스케일은 아니지만, 한라산을 베개 삼고, 고군산에 엉덩이를 걸치고 서귀포 앞 범섬에 다리를 걸쳐 잠을 잤다고 합니다. 그러자 한라산 꼭대기가 움푹 들어가면서 백록담이 되었고, 엉덩이를 걸쳤던 고군산 꼭대기도 패어 커다란 웅덩이가 만들어졌다고 하네요.

그럼 먼저 설문대할망신화를 감상해봅시다. 그러고 나서 이야기와 관련 있는 곳들을 먼저 찾아보고 돌박물관과 야외 전시장도 둘러볼 수 있도록 안내하겠습니다.

아득한 옛날 제주에는 설문대라는 거구의 할머니가 살았다. 설문대할망은 섬을 한 바퀴 둘러보고는 너무 밋밋해서 재미없다고 푸념했다. 제대로 된 산 하나 없으니 산짐승도 보이지 않고, 들판은 텅 비어 있는 게 바람만 가득한 것이다. 설문대는 제주 사람들을 위해 산을 하나 만들어 줘야겠다고 생각했다.

거구인 설문대할망은 치맛자락에 흙을 담아다가 제주섬 한 가운데에 산을 만들기 시작했다. 그렇게 몇 번 흙을 날라서 만들어진 산이 바로 한라산이다.

그런데 많은 흙을 담아 나르다 보니 치맛자락 여기저기에 구멍이 났다. 한 번 오갈 때마다 터진 치맛자락 사이사이로 흙이 떨어져 작은 산처럼 쌓였는데, 한라산이 다 만들어질 즈음엔 올망졸망한 산들이 368개나 되었다. 제주 사람들은 이 작은 산들을 오름이라고 불렀다.

설문대할망은 열심히 일을 하느라 조금 피곤하기도 해서 한라산을 베개 삼고, 고군산에 엉덩이를 걸치고 서귀포 앞 범섬에 다리를 걸쳐 잠을 잤다. 그러자 한라산 꼭대기가 움푹 들어가면서 백록담이 되었고, 엉덩이를 걸쳤던 고군산 꼭대기도 패어 커다란 웅덩이가 만들어졌다.

설문대할망은 여벌옷이 없어 매일 길쌈을 하곤 했는데 길쌈을 할

때는 성산포 일출봉에 있는 기암괴석에 등잔불을 올려놓고 바느질을 했다. 처음에 바위에 등잔을 올려놓았는데 너무 낮아서 다시 바위 하나 더 올려 높였다. 그래서 이 바위를 등경돌燈檠石이라 한다.

설문대할망이 오줌을 쌀 때는 먼바다로 나가서 볼 일을 보았다. 하루는 길쌈을 하다 갑자기 오줌이 마려웠다. 먼바다로 나가기에는 너무 급했던 설문대는 한 다리는 성산일출봉 쪽에 걸치고 다른 다리는 오조리 식상봉에 디디고 앉아 오줌을 누었다. 그런데 오줌 줄기가 어찌나 셌던지 제주섬 한 귀퉁이가 동강이 나서 떨어져나가 버렸다. 이렇게 떨어져나가 만들어진 섬이 바로 소섬(우도)이다.

제주 사람들에게는 소망이 하나 있었다. 사방이 바다로 둘러싸인 곳에 사는 제주 사람들은 자신들을 섬에 갇힌 신세라고 한탄하곤 했는데, 제주와 육지를 연결하는 다리를 하나 놓아서 자유롭게 왕래할 수 있었으면 더 바랄 것이 없다고 생각했다. 그래서 설문대할망에게 다리를 놓아달라고 간곡히 부탁하기로 했다.

설문대할망은 속옷 한 벌만 지어주면 육지로 잇는 다리를 놓아주겠다고 했다. 그래서 제주 사람들은 온 힘을 다해 명주를 모으기 시작했다. 설문대할망의 속옷을 만드는 데는 명주 100동이 필요했다. 그런데 제주 사람들이 온 섬을 샅샅이 뒤지며 명주를 모았는데도 99동밖에 되지 않았다. 결국 제주 사람들은 할망의 속옷을 만들지 못하고 말았다.

1. 화산석으로 만나는 제주창조신화, 돌문화공원

설문대할망은 속옷을 기다리며 다리를 놓기 시작했지만 옷감이 모자라 속옷을 만들지 못하고 있다는 말을 듣고는 바로 중단해버렸다.

설문대할망이 다리를 놓던 자취가 조천 앞바다에 남아 있는데, 사람들은 이곳을 영장매코지라고 부른다.

설문대할망에게는 오백 명의 아들이 있었다. 흉년이 든 어느 해였다. 식구도 많은 데다가 모두들 대식가들이라 끼니를 이어가기가 어려웠다. 그래서 설문대할망은 아들들을 불러 모으고 사냥이라도 해서 먹을 걸 구해오라고 시켰다. 그러고는 식구들이 돌아오면 먹이려고 죽을 쑤기 시작했다. 큰 가마솥에다 불을 때고 빙빙 돌아가며 죽을 젓던 설문대할망은 그만 솥 속으로 풍덩 빠져버렸다. 장작불에 팔팔 끓던 죽 속으로 빠진 설문대할망은 죽과 함께 녹아들고 말았다.

사냥에서 돌아온 아들들은 무척 배가 고팠다. 오백 아들은 시장하던 차에 잘 끓여진 죽을 보자 달려들어 허겁지겁 먹기 시작했다. 여느 때보다도 죽 맛이 좋았다.

막내아들이 마지막으로 죽을 먹으려고 솥을 젓다가 커다란 뼈다귀를 발견했다. 이상하다 생각하면서 자세히 들여다보니 두개골처럼 보이는 뼈도 나왔다. 막내아들은 어머니가 빠져 죽은 것이 틀림없다고 생각했다. 아까부터 어머니가 보이지 않아 불안했던 터였기 때문이다.

막내아들은 슬퍼하면서 마구 달려갔다. 한참 달리다 고개를 들어

보니 어느새 고산리 차귀섬에 와 있었다. 막내아들은 그곳에 앉아 한없이 울다가 그만 바위가 되고 말았다. 사람들은 그 바위를 장군바위라고 부른다.

다른 아들들도 자신들이 어머니의 육신을 먹었다는 것을 깨달았다. 아들들은 어머니의 뼈를 부여잡고 슬피 울다가 그대로 굳어져 한라산 영실의 기암괴석이 되고 말았다. 사람들은 이 기암괴석을 오백장군이라 부르지만 영실에는 499개의 장군바위가 있고 나머지 하나는 차귀섬에 떨어져나와 있는 셈이다. 그리고 이들이 바위가 되어 흘린 피눈물들은 땅속 깊이 스며들었다가 봄이 되면 철쭉꽃으로 피어나 온 산을 붉게 물들였다.

하늘연못

돌문화공원 내 박물관 옥상에 설계된 하늘공원은 설문대할망의 죽음을 상징하는 연못입니다. 설문대할망의 죽음에 대해서는 또 다른 이야기가 전해지고 있는데요. 바로 설문대할망이 자신의 키가 얼마나 큰가를 알아보기 위해 물장오리오름의 연못으로 들어갔다가 빠져 죽었다는 이야기입니다. 이 하늘연못은 바로 그 물장오리와 한라산 백록담을 상징하고 있습니다.

1. 화산석으로 만나는 제주창조신화, 돌문화공원

이름처럼 하늘이 가득 담긴 하늘연못

오백장군석과 어머니의 방

설문대할망에게는 오백 명의 아들이 있었지요. 그리고 설문대할망은 아들들을 위해 죽을 쑤다가 죽솥에 빠져 죽었다고 합니다. 그럼 이번엔 이 오백 아들과 죽솥을 상징하는 연못으로 가볼까요?

한라산 영실계곡에는 오백여 개의 기암절벽이 있습니다. 이 기암절벽을 오백장군이라고 부르는데, 바로 설문대할망의 아들들을 상징합니다. 돌문화공원의 오백장군석은 바로 영실계곡의 오백장군석을 본떠서 조성해놓은 것입니다.

신화 속 오백장군의 이미지를 형상한 오백장군 군상

설문대할망의 모성을 상징하는 어머니의 방

'어머니의 방'은 아들들을 위해 죽을 쑤다가 죽은 설문대할망의 모성을 형상화한 장소입니다. 겉에서 보면 돌로 조성해놓은 무덤처럼 보이기도 합니다. 어머니의 방 안으로 들어가보면, 아들을 안고 있는 어머니 형상의 돌과 만날 수 있습니다. 그 그림자마저 모성애를 느끼게 하는 신비한 용암석입니다.

'어머니의 방' 안에 있는 용암석

죽솥을 상징하는 연못

설문대할망이 아들들을 위해 죽을 쑤었던 이야기를 바탕으로 한 '죽솥을 상징하는 연못'이 있습니다. 하늘연못이 인위적으로 만들어진 공간이라면, 이곳은 자연적으로 웅덩이처럼 팬 부분이 죽솥과 닮았다고 해서 이름 붙여진 것입니다. 물이 고여 있으면 정말 죽솥처럼 보이는데, 아쉽게도 풀이 무성할 때는 잘 드러나지 않아 상상력을 발휘해야 할 것 같네요.

죽솥을 상징하는 연못

설문대할망과 오백장군 신당

제주도 마을에는 그 마을을 지키는 신들을 모신 곳이 있습니다. 이곳을 신당이라고 합니다. 어떤 마을에는 이 신당들이 일고여덟이나 되고요, 적은 곳도 두세 개 정도 있습니다. 돌문화공원 민속촌에도 설문대할망과 오백장군을 신으로 모시는 신당이 세워졌습니다. 그리고 이곳에서 설문대할망을 기리는 제사도 지내고 있습니다.

돌문화공원 민속마을에 조성된 설문대할망과 오백장군 신당

설문대할망 제단과 동자석

돌박물관

제주돌문화공원에는 설문대할망을 테마로 하는 코스뿐만 아니라 제주의 탄생과 관련한 화산 활동과 지질학적 정보 등을 제공해주는 곳이 있습니다. 바로 돌박물관입니다. 이 돌박물관은 주변 경관을 해치지 않기 위해 지하에 세워놓았다고 합니다.

돌박물관은 우주와 지구의 탄생에서부터 지구의 내부 구조, 제주의 화산 활동 등을 그림 자료와 모형 등을 통해서 알기 쉽게 보여주고 있습니다. 그리고 암석의 기원에 대한 설명과 함께 신비한 모습을 하고 있는 화산석들을 전시해놓고 있습니다. 화산

1. 화산석으로 만나는 제주창조신화, 돌문화공원

우주의 탄생과 지구의 형성 과정, 화산 활동 등에 대한 설명 자료들

화산석들이 빚어내는 아름다움

활동으로 생성된 제주 돌들의 신비한 모습을 감상하는 동안 우리는 태초의 시간을 경험하게 될 것입니다.

야외 전시장

야외 전시장에서는 화산석과 제주의 민속품들을 한곳에 모아 주제별로 전시를 하고 있습니다. 선사시대 유적지와 함께 미륵돌을 신으로 모시고 있는 신당들을 그대로 재현해놓고 있는 곳도 있습니다. 그 외에도 제주의 전통 가옥인 초가집도 직접 볼 수 있습니다.

제주의 전통 옹기인 허벅들

무덤가를 지키는 동자석들

오름을 배경으로 서 있는 돌하르방

2.
제주의 원시림 곶자왈 기차여행, 에코랜드

위치 : 제주시 조천읍 번영로1278-169

예상 소요 시간 : 3시간 정도

거리 : 제주 공항이나 서귀포시에서 버스로 약 40분

입장료 : 청소년 12,000원, 단체 10,000원

에코랜드는 30만 평의 곶자왈 원시림을 영국에서 제작된 링컨기차를 타고 가면서 체험하는 테마파크입니다. 기차 여행을 하면서 화산섬 제주의 자연과 숲을 감상하고 즐길 수 있습니다.

곶자왈은 제주어로 숲을 의미하는 '곶'과 가시덤불을 의미하는 '자왈'이 합쳐져서 만들어진 말입니다. 제주가 형성될 당시 화산 활동으로 용암을 분출하였고, 용암이 굳어지는 과정에서 크고 작은 바위덩어리로 쪼개져 요철지형을 만들었습니다. 이곳에 식물이 자라면서 형성된 숲이라 할 수 있습니다.

바위 숨구멍 속에서 겨울에는 따뜻한 공기가 여름에는 차가운 공기가 분출되면서 한겨울에도 푸른 숲이 유지되고, 여름에는

크고 작은 바위 위에 형성된 곶자왈

바깥보다 시원한 것이 곶자왈의 특징입니다. 그래서 곶자왈에는 다양한 북방한계 식물과 남방한계 식물이 공존하고 있습니다.

에코랜드의 기차들

에코랜드에는 총 8대의 기차가 운행되고 있는데, 각각의 기차 이름들은 제주의 아름다운 자연을 상징하고 있습니다. 옐로 플라워는 곶자왈의 '꽃'을, 블루 스카이는 '푸른 하늘'을, 레드 샌드는 '화산송이'를, 그린 포레스타는 '곶자왈 숲'을, 블루 레이크는 '호수'를, 오렌지는 '제주 감귤'을, 퍼플 드림는 '꿈과 희망'을, 블랙

에코랜드에서 운행되는 기차

스톤은 '검은 돌'을 상징합니다.

기차역에서 체험하는 곶자왈의 숲과 볼거리

에코랜드는 각 역마다 휴식하면서 다양하게 체험하고 즐길 수 있도록 조성되어 있습니다. 이곳에는 2만 평의 인공호수와 호수섬, 수상데크길과 수변산책로, 수국과 동백나무가 어우러진 삼다정원, 동화 속 요정들의 집인 그라스하우스와 어린이들을 위한 키즈타운, 전 구간이 화산송이로 포장되어진 곶자왈 숲 속의 에코로드, 꽃향기가 가득한 라벤더 밭, 목장 산책로, 목장 카페 등이 있습니다.

곶자왈에 대하여 좀 더 알아볼까요

곶자왈에는 난대림과 온대림을 중심으로 광범위하게 숲을 형성하는데, 600종 이상의 식물들이 자라고 있습니다. 이 중에는 환경부 멸종위기보호야생식물인 제주고사리삼, 개가시나무, 으름난초, 솔잎란 등이 있습니다.

곶자왈은 연중 푸른 숲을 간직하고 있는 생태공간으로 야생동물의 보금자리가 되기도 합니다. 양서류와 포유류, 조류 등의

2만 평에 달하는 곶자왈 숲 속의 호수

붉은 화산송이로 길을 낸 잔디밭

곶자왈 숲길 체험 안내

숲 속을 달리는 기차

서식지로 섬휘파람새, 직박구리 등 제주 텃새와 노루, 오소리 등을 쉽게 만날 수 있습니다.

곶자왈은 한라산을 기준으로 해서 중산간 지역에서 해안까지 광범위하게 분포하고 있습니다. 비가 오면 쉽게 곶자왈 아래로 스며들어 지하수를 형성하는데, 화산 활동으로 생성된 용암석이 필터 작용을 합니다. 이러한 과정에서 우리 몸에 이로운 성분들이 녹아들기도 하는데, 바나듐과 실리카 등이 풍부하게 함유되어 있습니다. 그래서 화산암반수 제주 물은 고혈압, 당뇨병, 심장병 치료에 효과가 있다고 합니다.

제주의 곶자왈을 좀 더 체험하고 싶다면 여기를 방문해보세요

- **제주곶자왈도립공원**

위치 : 서귀포시 대정읍 에듀시티로 178

문의 : 064-792-6047

- **환상숲곶자왈공원**

위치 : 제주시 한경면 녹차분재로 594-1

문의 : 064-772-2488

- **선흘곶자왈동백동산**

위치 : 제주시 조천읍 선흘리 산 12

문의 : 064-784-9446

3. 농경신 백주또의 신화마을 송당

위치 : **제주시 구좌읍 송당리 산 199-1**

예상 소요 시간 : **2시간**

거리 : **제주공항에서 버스로 1시간, 에코랜드에서 20분**

입장료 : **없음**

송당마을은 제주신화의 성지라고 부릅니다. 마을에서 모시는 신들을 '당신堂神'이라고 부르는데, 송당마을에는 제주 당신의 어머니가 좌정하고 있기 때문입니다. 백주또라는 여신과 소천국이라는 사냥신이 혼인하여 아들 열여덟, 딸 스물여덟을 낳았는데, 아들·딸들이 각 마을로 흩어져 그 마을의 당신이 되었습니다. 그래서 백주또를 제주 당신의 어머니라고 부르는 것입니다.

체오름, 거친오름, 민오름, 칡오름, 아부오름, 안돌오름 등 18개의 오름들이 자리하고 있어서, 송당마을을 '제주오름의 본고장'이라고도 부르는데요, 지금부터 오름의 고장이자 신화마을인 송당으로 여행을 떠나볼까요.

신화 읽기 송당마을신화

소천국은 알송당 고무니모를에서 솟아나고, 부인인 백주또는 강남천자국 백모래밭에서 솟아났다. 백주또가 열다섯 살이 되자 신랑감을 찾아 천기를 짚어보니, 조선 남방국 제주땅 송당리에 배필이 있었다. 백주또는 제주섬으로 내려와 송당에 찾아가서 소천국을 만나 부부가 되었다.

백주또가 임신했을 때의 일이다. 소천국은 사냥을 해서 가족을 먹여

살렸는데 둘 사이에 딸 아들이 계속 태어나니 생활이 힘들어졌다. 그래서 백주또는 남편 소천국에게 농사를 짓자고 말했다.

송당리에는 볍씨 아홉 섬지기, 피씨 아홉 섬지기나 되는 오붕이굴왓이라는 밭이 있었다. 오붕이굴왓은 어찌나 넓은지 달이 지고 별이 지도록 밭을 갈아도 다 갈 수 없을 정도로 넓은 밭이라 하여 '달 진 밭, 별 진 밭'이라고 불렀다. 소천국은 부인 말을 듣고 '달 진 밭, 별 진 밭'에 가서 농사를 짓기로 했다. 그래서 소 한 마리에 쟁기까지 갖추고 아침 일찍 밭으로 향했다.

백주또는 밭을 갈고 있는 남편을 위해 밥도 아홉 동이 국도 아홉 동이를 장만해서 오붕이굴왓으로 갔다. 과연 남편 소천국이 소를 앞세워 부지런히 밭을 갈고 있었다. 백주또는 남편이 부지런히 일하는 모습을 보니 마음이 흐뭇했다. 백주또는 나무 아래에 점심을 놓고 길마로 덮은 뒤 집으로 돌아갔다.

소천국이 부지런히 밭을 갈고 있노라니 때마침 지나가던 태산절 중이 다가와 점심 먹다 남은 것이 있으면 조금만 달라고 했다. 소천국은 부인이 점심을 넉넉하게 싸왔으니 조금 줘도 괜찮겠거니 생각했다. 그래서 태산절 중에게 나무 밑 소 길마를 들어보면 점심이 있으니 조금만 먹고 가라고 했다.

그러자 태산절 중은 좋다구나 하면서 소 길마를 던져두고 점심밥을 먹기 시작했다. 그런데 정신없이 먹다 보니 어느 새 밥도 국도 다 바닥이

드러났다. 겁이 바락 난 태산절 중은 밭 가느라 정신없는 소천국을 슬쩍 쳐다보고는 재빨리 도망쳐버렸다.

한참 밭을 갈던 소천국은 시장하여 점심을 먹으려고 나무 밑으로 갔다. 그런데 소 길마는 저쪽에 팽개쳐져 있고 밥 아홉 동이 국 아홉 동이는 간 곳 없이 빈 그릇만 이리 저리 나뒹굴고 있었다.

소천국이 제일 힘들어하는 것은 배고픈 걸 참는 거였다. 주린 배를 움켜쥐고 이리저리 둘러보던 소천국에게 밭 갈던 소가 눈에 들어왔다. 소천국은 소를 주먹으로 때려잡아 쇠갈퀴 같은 손톱으로 쇠가죽을 벗겨냈다. 그러고는 망개나무로 불을 살라 구어가면서 이게 익었는가 한 점, 저게 익었는가 한 점 먹다 보니 어느 새 뼈다귀만 남았다.

소 한 마리를 다 먹었는데도 배는 여전히 고팠다. 어디 더 먹을 만한 게 없나 하고 주위를 둘러보는데 옆에 있는 억새풀밭에 까만 암소 한 마리가 한가로이 풀을 뜯고 있었다. 소천국은 까만 암소를 잡아다 때려잡아 마저 먹으니 이제야 배가 부른 듯했다.

소천국이 다시 밭을 갈려하는데 쟁기질 할 소가 없었다. 잠시 고민하던 소천국은 문득 부른 배를 내려다보았다. 불룩 솟아나온 배때기로 쟁기 삼아 갈면 되겠다는 생각이 떠올랐다. 그래서 배때기를 쟁기 삼아 밭을 갈기 시작했는데, 소천국이 한 번 기어갈 때마다 흙이 양옆으로 갈라지면서 넓은 고랑이 생겼다.

백주또가 빈 그릇을 가져가려고 밭에 갔더니 밭담 위에 소머리도 두

개, 쇠가죽도 두 개 걸쳐져 있었다. 이게 무슨 일인가 해서 봤더니 남편이 배때기로 밭을 갈고 있었다. 소는 어디 두고 배때기로 밭을 갈고 있느냐고 물어보니, 소천국은 자초지종을 설명했다.

백주또는 어찌하여 소머리도 둘이고 소가죽도 둘이냐고 물었고, 소천국은 한 마리 잡아먹었는데도 간에 기별도 안 가 마침 억새밭에 까만 암소 한 마리 있기에 같이 잡아먹었노라고 대답했다.

백주또가 벌컥 화를 냈다. 우리 소 잡아먹는 거야 할 수 없는 일이지만 남의 소까지 잡아먹는 게 말이 되느냐는 것이다. 그리하여 백주또는 소도둑놈이랑 같이 살 수 없으니 땅 가르고 물 갈라 살림을 분산하자고 했다. 이혼을 선언한 것이다.

결국 부인과 갈라선 소천국은 알송당 고부니모를로 내려갔다. 배운 것이 총질 사농질(사냥)이라 길이 바른 마세총을 둘러메고 산천에 올라가서 노루 사슴에 멧돼지를 잡으면서 정동갈의 딸을 첩으로 삼아 고기를 삶아 먹으며 살았다.

송당본향당과 당오름

우리나라에서 가장 아름답다는 비자림로에서 바다 쪽으로 10분 정도 버스로 이동하면 송당마을에 도착합니다. 마을 입구에는 이 마을의 신인 백주또와 소천국 석상이 서 있습니다. 이곳에

송당마을 입구에 세워진 소천국과 백주또 석상

서 안내문을 읽고 석상을 감상한 후에 송당본향당 주차장으로 이동하여 차량을 정차시키고 탐방을 시작하면 됩니다. 송당본향당뿐만 아니라 마을길을 걸어가 송당초등학교 교정을 둘러본다면 마을 여행의 아기자기한 즐거움을 맛볼 수 있을 것입니다.

주차장에는 백주또와 소천국의 자식들을 나타내는 석상들이 세워져 있고, 안내 표지판도 조성되어 있습니다. 주차장을 나서면 오름 기슭으로 송당본향당까지 길이 이어지는데, 동백나무가 울창하게 울타리를 이루고 있어 이른 봄에는 빨간 동백꽃을 볼 수 있습니다. 제주신화에서 동백꽃은 환자를 살리는 환생꽃이라고 합니다.

백주또와 소천국의 아들딸들을 나타내는 석상들

송당본향당 안 모습. 기와집은 마을 당굿을 열 때 음식을 장만하는 곳이다.

동백꽃 올레가 끝나는 지점에 송당의 여신 백주또를 모시는 본향당이 자리하고 있습니다. 보통 본향당은 마을을 대표하는 신을 모시고 있는 성소를 말합니다. 송당본향당은 제주 당신들의 어머니 백주또를 모시고 있는 신당입니다. 이곳에는 신을 상징하는 신목 팽나무와 그 옆에는 신의 옷을 담아두는 궤와 굿을 치르는 마당이 있습니다.

송당본향당 옆에는 당오름이 있습니다. 당오름은 신이 하늘로 오르는 길이라 합니다. 나지막한 이 오름은 30분이면 충분히 올라갔다 내려올 수 있는데, 정상에 다 왔나 싶은데 벌써 아래에

당오름 가는 길

사시사철 울창한 당오름 산책길

까지 내려와 있어 놀라기도 하는 곳입니다. 이 당오름에는 삼나무와 해송이 군락을 이루고 있어서 사시사철 울창한 숲을 이루고 있습니다.

송당초등학교

당오름 기슭에는 교정이 예쁘기로 소문난 송당초등학교가 있습니다. 주차장에서 나와 중산간 동로 오른쪽 신작로로 5분 정도 걸어가면 교문이 보입니다.

이 학교는 숲 대회 공존상을 수상할 정도로 교정이 아름답습

송당초등학교 전경

당오름을 배경으로 조성된 송당초등학교 빛솔정원

니다. 천혜의 자연과 어우러지게 학교 숲을 잘 가꾸었기 때문에 받은 상이라 하겠습니다. 이곳은 과거 당오름의 숲이 펼쳐져 있던 곳이었는데, 학교가 들어서면서 숲 교정이 되었습니다.

송당초등학교 숲 교정에는 총 93종의 나무들과 30여 종 화초 등이 자라고 있는 '빛솔정원'과 두 그루의 편백나무 쉼터 사이에 위치한 소담한 '무지개연못', 각종 교재원 및 텃밭, 초가지붕과 흙벽으로 지어진 향토관이 있습니다. 학생들의 휴식과 놀이 공간, 학습의 장으로 활용하는 곳들입니다.

신에게 세배를 올리는 신년과세제

백주또와 소천국에 관한 신화는 농경시대로 접어들고, 정착생활을 하는 공동체가 형성되면서 수렵 이동생활을 하는 세력은 점차 역사의 뒤안길로 사라지게 되었던 역사를 반영하고 있습니다. 그래서 사냥신 소천국을 모시는 당은 점차 사람들의 발길이 끊어져 황폐해졌지만 백주또 신이 좌정하고 있는 송당본향당은 지금도 해마다 마을 당굿이 열리고 있습니다.

특히 새해 초 신에게 세배를 올리는 마을제인 신년과세제는 '무형문화재 제5호'로 지정되었습니다. 그리고 송당본향당은 제주도 민속자료로 지정되어 보호받고 있습니다.

송당마을에서 새해 신께 세배를 올리는 신년과세제

신년과세제는 마을 사람들과 손님들이 함께 어우러지는 축제이다.

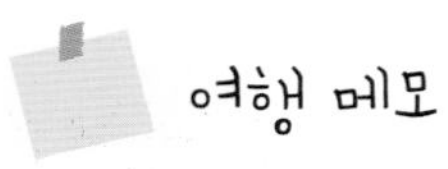

여행 메모

오늘의 여행지들을 차례로 적어봅시다.

인상적이었던 여행지가 있다면 어떤 점이 인상적이었는지 적어봅시다.

여행지와 관련된 신화나 전설 중 기억에 남는 것이 있다면 간단하게 줄거리를 적어봅시다.

오늘의 견문과 관련하여 좀 더 알고 싶은 내용이 있다면 정리해보세요.

셋.

탐나는 제주, 탐라건국신화

여행 일정

삼성혈 사적지

⇩

자연사박물관

⇩

(점심)

⇩

혼인지와 신방굴

⇩

성산일출봉

제주도는 고려시대까지 탐라국이라는 독립된 왕국이었습니다. 그래서 탐라국 건국신화도 전하고 있지요. 이번엔 제주도 건국신화인 삼성신화를 바탕으로 제주를 체험해볼까요.

먼저 탐라국 건국신화의 사적지인 삼성혈에서 신화의 주인공들을 만나고 나서 근처에 있는 자연사박물관으로 이동해 제주의 민속문화를 둘러보기 바랍니다. 그리고 신화 속 장소를 직접 걸어볼 수 있도록 성산읍의 혼인지와 아름다운 성산일출봉을 만나보길 바랍니다.

1.
탐라국 건국신화의 삼성혈 사적지

삼성혈 사적지 입구

위치 : 제주시 삼성로 22(이도일동)

예상 소요 시간 : 1시간

거리 : 제주 공항에서 15분 거리, 시내 중심가

입장료 : 청소년 1,700원, 단체 1,100원(13-18세)

삼성혈 안내 표지판

제주에는 고려시대까지 독립왕국이 있었습니다. 바로 탐라국이었죠. 그래서 탐라국의 건국신화도 전하고 있답니다. 그런데 제주가 고려의 한 지방으로 편입되면서 이 건국신화는 제주 고씨, 양씨, 부씨라는 세 성씨의 시조신화, 즉 삼성신화가 되었습니다.

탐라국 건국신화는 『고려사』, 『영주지』 등에 기록되어 있습니다. 『고려사』 고기古記의 기록을 볼까요.

"애초에 사람이 없더니 땅에서 세 신인神人이 솟아났다. 지금의 한라산 북녘 기슭에 '모흥굴'이라고 부르는 혈穴이 있는데 이것이 바로 그곳이다. 맏이가 '양을나'이고, 둘째가 '고을나', 셋째가 '부을나'다."

영주(탐라)에는 태초에 사람이 없었다. 홀연히 세 신인神人이 땅에서 솟아나니, 한라산 북녘 기슭에 있는 모흥혈에서 솟아난 것이다. 맏이를 고을나, 다음을 양을나, 셋째를 부을나라고 했다. 그들의 용모는 장대하고 도량은 넓어서 인간 세상에는 없는 모습이었다. 그들은 가죽옷을 입고 육식을 하면서 항상 사냥을 일삼아 가업을 이루지 못했다.

하루는 한라산에 올라 바라보니 자줏빛 흙으로 봉한 나무함이 동해쪽에서 떠와서 머물러 떠나지 않았다. 세 사람이 내려가 이를 열어보니, 그 속에는 새알 모양의 옥함이 있고 자줏빛 옷에 관대를 맨 사자가 따라와 있었다.

사자는 절을 하고 엎드리며 말했다.

"나는 동해 벽랑국의 사자입니다. 우리 임금께서 이 세 공주를 낳으시고, 나이가 다 성숙해도 그 배우자를 얻지 못하여 항상 탄식하며 해를 넘기고 있었습니다. 그러는 가운데 근자에 우리 임금께서 서쪽 바다를 바라보시다가 자줏빛 기운이 하늘에서 내려 상서롭게 서려 있는 것을 보았습니다. 세 신인이 솟아나와 장차 나라를 열고자 하나 배필이 없으시다 하시면서 신께 명하여 세 공주를 모셔가라 하셨습니다. 그러니 마땅히 혼례를 올리시고 대업을 이루십시오."

말을 마친 사자는 홀연히 구름을 타고 어디론지 사라져버렸다.

세 신인이 옥함을 열어보니 푸른 옷을 입은 처녀 세 사람이 있었는데, 모두 나이가 15,6세요, 용모가 속되지 않아 아리따움이 보통이 아니었고, 각각이 아름답게 장식하여 같이 앉아 있었다. 또 망아지와 송아지, 오곡의 씨를 가지고 왔는데, 이를 금당의 바닷가에 내려놓았다.

세 신인은 즐거워하며 말하기를, "이는 반드시 하늘이 우리 세 사람에게 주신 것이다"고 했다.

세 신인은 곧 목욕재계하여 하늘에 고하고, 나이 차례로 나누어 혼인하였다. 그러고는 물 좋고 기름진 땅으로 나아가 활을 쏘아 거처할 땅을 정하였는데, 고을나가 거처할 곳을 제1도라 하고, 양을나가 거처할 곳을 제2도라 하고, 부을나가 거처하는 곳을 제3도라 했다. 이로부터 산업을 일으키기 시작하여 오곡의 씨를 뿌리고 송아지 망아지를 치니 날로 살림이 부유해져서 드디어 인간의 세계를 이룩해놓았다.

그 이후 900년이 지난 뒤에 인심이 모두 고씨에게로 돌아갔으므로 고씨를 왕으로 삼아 국호를 탁라乇羅라 했다.

('『영주지』, 고득종, 세종32년'의 내용을 바탕으로 정리)

숲에 둘러싸인 삼성혈 사적지 건물

세 신인이 솟아났다는 모흥혈의 세 개의 구멍

도심 속의 삼성혈 사적지

삼성혈 사적지는 제주시 도심가에 위치하고 있습니다. 천 년의 역사를 품고 있는 유적지이죠. 사방이 건물이고 자동차 도로여서 복잡한데도 아직도 숲이 울창하여 더욱 성스러운 느낌을 줍니다.

세 신인이 솟아났다는 모홍혈은 땅속에 난 세 개의 구멍입니다. 신기한 것은 겨울에도 따뜻한 공기가 솟아나기 때문에 이 구멍에는 눈이 쌓이지 않는다고 하네요. 천 년이 넘는 세월이 흘렀는데도 크지도 않는 구멍이 메꿔지지 않고 있는 것 또한 신기합니다.

삼성혈 사적지에는 삼성혈의 신화에 대한 모형도 등이 전시되고 있는 전시실과 삼신인의 솟아난 것부터 탐라국으로 발전하여 고려 말에 이르기까지의 신화 내용을 애니메이션으로 제작하여 국어, 영어, 중국어, 일어 4개 국어로 방영하고 있는 영상실이 있습니다.

그리고 조선 숙종 24년(1698년) 건립 후 수차 중수된 '삼성전'을 비롯하여 조선시대 때부터 세워진 '삼성문, 전사청, 숭보당' 등의 건물들이 있어 자연과 어우러진 옛 건축의 아름다움을 감상할 수 있습니다.

삼을나 위패가 봉안된 삼성전

조선 순조 27년(1872) 건립 후 몇 차례 중수된 전사청. 제향과 관련된 일을 한다.

2.
제주의 민속을 한눈에 볼 수 있는 자연사박물관

민속자연사박물관 입구

위치 : 제주시 삼성로 40(일도이동)

예상 소요 시간 : 2시간

거리 : 제주 공항에서 15분 거리, 삼성혈 근처 위치

입장료 : 청소년 1,000원, 단체 800원(만13세 이상-만24세 이하)

제주를 여행하는 사람에게 맨 먼저 방문해볼 것을 권하고 싶은 곳은 바로 삼성혈 사적지 옆에 위치하고 있는 제주 자연사박물관입니다. 제주 자연사박물관은 제주만의 독특한 '민속 유물'과 '자연사적 자료'를 수집·보전·전시하고 있어 제주 여행에 필요한 사전지식을 갖출 수 있게 해줄 것입니다.

민속자연사박물관 마당

제주 자연사박물관에는 제주의 자연과 인문·환경을 체계적으로 이해할 수 있도록 주제별 전시관들로 구성되어 있습니다. 건물 내 전시관들을 돌아보고 나서 야외 전시관까지 둘러본다면 제주를 바라보는 눈이 훨씬 깊어져 있음을 실감할 수 있을 것입니다. 자, 그럼 자연사박물관에 조성해놓은 여러 전시실을 천천히 둘러볼까요.

제주상징관

제주의 탄생을 주제로 한 제주상징관은 제주를 대표하는 한라산과 돌하르방, 돌담, 해녀, 감귤, 초가 등을 형상화한 곳입니다. 제주 설문대할망신화와 삼성신화를 에니메이션 영상으로 관람할 수 있도록 했습니다. 제주신화 영상을 보고 나면 태초의 신비를 간직한 용암동굴을 실물 형태로 감상할 수 있도록 조성하였

설문대할망신화 애니메이션 장면

삼성신화 애니메이션 장면

으며, 한 달 중 반은 산에서, 나머지 반은 바다에서 살았다는 전설 속 산갈치도 전시하고 있습니다.

자연사 전시실

자연사 전시실은 크게 지질관, 육상생태관으로 구분하여 제주도의 지질, 동·식물 표본 등 1,500여 점을 입체적으로 전시하고 있습니다. 지질관에는 제주의 형성 과정을 애니메이션으로 나타내었으며 다양한 화산 분출물들, 용암동굴 생성물들을 전시하고 있습니다. 또한 여러 지역의 패류화석과 암석들도 선보이고 있습

자연사 전시실 입구

화산 활동을 보여주는 수월봉 지질 모형

니다.

그리고 한라산의 형성 과정 및 한라산 백록담 주변의 지질학적 경관을 영상과 모형으로 소개하고 있으며, 다양한 제주의 오름, 계곡, 동굴 및 곶자왈 등의 자연경관과 지질에 대해서도 자세하게 설명하고 있습니다.

민속 전시실

민속 전시실은 1, 2전시실로 구성되어 있습니다. 제1전시실 1층에는 제주인의 일생, 제주초가, 칠머리당영등굿, 제주 전통배를 중심으로 약 2,000여 점의 민속자료가 전시되어 있습니다. 2층은 의·식·주와 관계된 제주 사람들의 일상생활 자료를 전시하고 있습니다.

제2전시실은 제주의 생업·생산과 관련한 주제관입니다. 제주해녀, 제주의 농업, 사냥, 목축, 제주의 무속신앙, 불미공예, 제주의 말문화가 주제에 맞게 코너 별로 전시되어 있습니다. 제주의 민속을 집약한 공간으로 제주인들의 정신문화와 생활에 대해 입체적으로 보여주고 있습니다.

제주의 전통배 테우와 전통가옥 초가

각종 농기구 전시

제주 바다 전시관

제주 바다 전시관에는 제주 바다에 서식하는 다양한 어류, 갑각류, 패류, 포유류 등을 전시하고 있습니다. 전시관 중심부에서는 2004년 제주에서 발견된 13m 크기의 브라이드고래 골격, 제주에 서식하는 소형 돌고래 골격과 무척추동물의 다양한 표본들도 볼 수 있습니다.

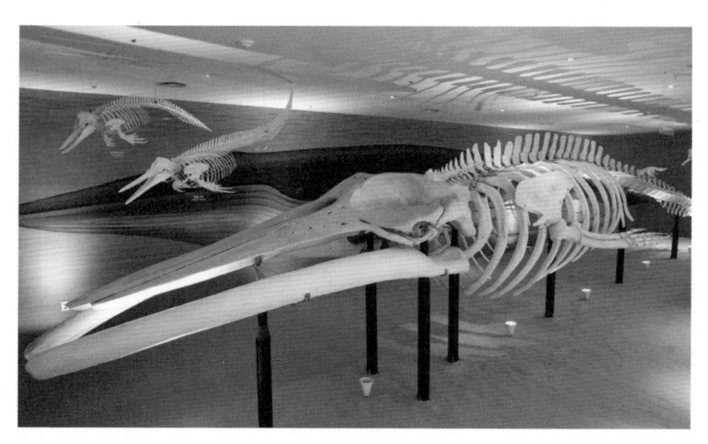

2004년 태풍이 지난 후 제주 바다에서 발견된 브라이드고래 사체 골격

제주 연안에서 발견되는 어류들

야외 전시실

야외 전시실은 전시와 휴게 기능을 겸하고 있는 공간입니다. 중앙 정원과 뒤뜰에서는 제주의 사계절을 감상할 수 있습니다. 그리고 전시 공간에서는 제주의 역사, 문화, 생태 등을 주제로 한 사진 작품을 감상할 수 있도록 하였습니다.

야외 전시장에는 화산석과 관련 있는 전통문화를 엿볼 수 있도록 돌로 만들어진 생활용품들을 전시하고 있습니다. 제주도는 돌이 많은 고장으로서 옛날부터 돌을 가공한 생활용품이 많았습니다. 곡식을 도정했던 연자매를 비롯하여 돌방에, 맷돌, 정주석, 그 밖에 동자석, 망주석, 비석 등이 그것입니다.

돼지를 키웠던 돗통시

야외에 전시된 돌로 된 생활도구들

3.
삼신인이 벽랑국 공주와 혼례를 올린 혼인지

온평리마을의 혼인지 안내도

위치 : 서귀포시 성산읍 혼인지로 39-22

예상 소요 시간 : 1시간

거리 : 제주 공항에서 1시간 거리

입장료 : 없음

성산읍에 위치한 온평리마을은 해안선이 긴 바닷가마을로 특히 삼성신화와 밀접한 관계가 있는 곳입니다. 모흥혈에서 솟아난 삼신인三神人이 벽랑국에서 온 세 공주를 맞이하여 혼인한 곳인 '혼인지'가 바로 이 마을에 있기 때문입니다. 온평리마을에서는 혼인지를 테마로 해마다 '혼인지 축제'를 열고 있다고 합니다.

혼인지

혼인지는 세 공주가 혼인식을 올리기 전에 목욕했다는 못입니다. 성산읍의 작은 마을 온평리에 있는 혼인지는 자연풍광과

세 공주가 목욕했다는 연못

자연풍광과 어우러진 혼인지

어우러진 아름다운 정원이기도 합니다. 그래서 신화를 간직하고 있는 이곳에 가면 여행자의 마음보다는 머물러 살면서 여유롭게 산책하고 싶은 마음이 절로 우러납니다.

신방굴

신방굴은 혼인지 한쪽 옆에 있는 자연동굴입니다. 굴 입구로 들어서면 한여름에도 서늘한 기운이 느껴지는 용암동굴이지요. 안쪽으로는 신통하게도 굴 입구가 다시 세 군데로 나뉘고 있는데요, 고, 양, 부 삼신인이 각각 따로 차린 신방이라 합니다. 그래서 이 동굴을 신방굴이라고 하는 것입니다.

탐라국을 건국한 세 왕이 공주들과 차렸다는 신방은 화려한 궁전이 아니라 소박한 동굴이라는 점에서 삼신인 이야기는 혈거생활을 했던 조상들의 이야기라는 것을 실감할 수 있습니다. 그리고 사냥을 하며 지내던 삼신인이 오곡의 종자를 가져온 공주들과 결혼을 하고 각각 터를 잡아 나라를 건국했다는 이야기는 수렵생활에서 농업정착생활로 변화하고, 세력이 커지면서 부족국가로 발전하는 역사의 반영입니다.

굴속은 실제로 사람이 거주하기에는 너무 좁고 소박한 공간입니다. 그래도 삼신인의 신방이었다는 이야기를 품고 있어 탐

신방굴 입구

라왕국의 신화에 숨결을 불어넣고 있는 곳이고, 우리의 상상력을 자극하는 장소입니다.

연혼포

벽랑국의 세 공주를 실은 상자가 떠내려왔다는 연혼포입니다. 푸른 옷을 입은 세 공주가 오곡의 종자를 가지고 망아지, 송아지를 함께 해안으로 올라왔다는 곳이지요.

연혼포는 멀리 성산일출봉이 보이는 온평리 해안가에 있습니다. 바닷물 색도 곱고 주변 경치도 아름다운 곳입니다. 해변에

멀리 성산일출봉이 보이는 연혼포

는 화산 활동으로 만들어진 검은색의 현무암들이 자연의 예술작품처럼 펼쳐져 있어 보는 이에게 즐거움을 선사합니다.

4. 바닷속에서 솟아오른 성산일출봉

성산일출봉 입구

위치 : 서귀포시 성산읍 성산리 78

예상 소요 시간 : 2시간

거리 : 제주 공항에서 1시간 거리, 혼인지 근처

입장료 : 청소년 2,500원, 단체 2,000원

조선 말의 한 선비는 제주에서 경관이 특히 뛰어난 열 곳을 선정해서 영주십경瀛州十景이라고 했습니다. 영주는 제주의 또 다른 이름이지요. 이 영주십경 중에 제1경이 바로 '성산일출'입니다. 그만큼 성산일출봉의 해돋이는 아름답기로 유명합니다.

성산일출봉의 '성산'은 산 모양이 성처럼 생겼기 때문에 붙여진 이름입니다. 성산일출봉은 화산 활동으로 만들어진 화산체인데요, 약 5,000년 전에 생성된 수성화산체로 드물게 바닷속에서 수중 폭발해서 생성되었습니다. 2000년 7월 19일 천연기념물로 지정되었으며, 2007년에는 유네스코 세계자연유산으로 등재되었습니다.

화산 활동으로 형성된 성산일출봉

본래는 따로 떨어진 화산체였으나, 비와 바람에 깎이고 쌓이면서 제주도 본섬과 연결되었습니다. 썰물 때에 건너다닐 정도의 지형이었는데, 일제 강점기에 일본군들이 군사적으로 사용하기 위하여 본격 연결도로를 건설했다고 합니다.

설문대할망신화 속 성산일출봉

성산일출봉은 설문대할망신화에도 등장하고 있습니다. 거인인 설문대할망이 빨래할 때 한라산을 엉덩이로 깔아 앉고, 한쪽 다리는 관탈섬에 또 한쪽 다리는 지귀섬에 놓고서 성산봉 분화구를 빨래바구니로, 소섬(우도)을 팡돌(빨랫돌)로 삼았다고 하네요.

또한 설문대할망이 길쌈을 할 때 성산일출봉 기암절벽 바위 위에 등잔을 올려놓고 불을 켰다고 합니다. 이때 등잔이 너무 낮아서 바위 하나를 올려놓았는데, 이 바위를 등경돌이라고 했답니다. 성산일출봉 정상에 오르다 보면 기이하게 솟아오른 이 등경돌을 볼 수 있습니다.

성산일출봉의 기암괴석과 분화구

성산일출봉은 아주 가파른 절벽으로 이루어져 있습니다. 마

설문대할망이 등잔을 올려놓았다는 등경돌

그마가 얕은 바다 밑에서 분출할 때 폭발하면서 엄청난 화산재를 뿜어냈는데, 이 화산재가 쌓이면서 가파른 경사면을 가진 응회구가 만들어졌습니다. 그래서 일출봉의 기암괴석은 화산재가 굳어진 응회암이라고 합니다. 성산일출봉 분화구 주위에는 99개의 기암이 절경을 이루고 있습니다. 100에서 하나가 부족하여 제주에는 맹수들이 나지 않는다는 전설도 전해지고 있습니다.

6만 5천 평에 해당하는 성산일출봉의 분화구 속에는 넓은 초지가 형성되어 예로부터 성산마을 주민들이 연료 및 초가지붕을 이는 띠를 채집하는 곳으로 이용해왔다고 합니다. 소나 말의 방목지로도 쓰였고, 매년 불을 놓았었기 때문에 나무는 거의 없습

성산일출봉 분화구

니다. 반면 억새·띠 등이 무성하게 자라 식물군락을 이루고 있습니다. 그러다가 2000년 7월 19일 천연기념물로 지정되었으며, 2007년에는 유네스코에서 지정하는 세계자연유산으로 등재되면서 사람들의 출입을 금지하고 있습니다.

이 분화구는 관중석 없는 축구장 30개 정도 만들 수 있는 넓이입니다. 한라산 백록담과는 달리 분화구에 물이 없는 이유는 화산재로 이루어져 있어 밑으로 빠져버리기 때문입니다. 이 분화구에서 예전에 〈공포의 외인구단〉이라는 영화를 촬영했다고 합니다. 너른 분화구 안을 사람들이 사는 곳과 격리된 야구훈련장으로 설정했다는군요.

성산일출봉에서 바라보는 주변 풍광

성산일출봉 정상으로 가는 길은 매우 가파릅니다. 그래서 분화구까지 올라가다 보면 숨도 가쁘고 땀방울도 맺히곤 하지만, 그만큼 보람도 큽니다. 드넓은 분화구를 내려다보면 가슴이 뻥 뚫리는 장쾌함을 맛볼 수 있지요. 그리고 하산 길에 눈 아래 펼쳐지는 주변 풍광도 압도적입니다.

성산일출봉은 180m로 그다지 높은 편이 아니지만, 바로 아래에 펼쳐진 성산마을과 주변의 오름, 철새도래지이기도 한 바닷가 풍광이 해돋이 못지않게 아름답습니다.

성산일출봉에서 바라본 한라산과 해안 풍경

성산일출봉 아래에 펼쳐진 주변 마을

일출봉 기슭 바다에서 일하고 있는 해녀들

성산일출봉의 동굴진지

성산일출봉 기암절벽에는 해안 쪽으로 동굴진지들이 있습니다. 동굴진지는 일제강점기에 일본군에 의해 인공적으로 만들어진 굴입니다.

일본군은 태평양전쟁에서 연합군에게 밀리고 있을 때 제주도를 일본 본토 수호를 위한 최후의 교두보로 삼았습니다. 그래서 제주의 오름과 해안 지대에 엄청난 숫자의 동굴진지를 구축하였습니다. 소형비행기를 출격시켜 미군비행기를 폭파하면서 함께 전사하도록 훈련시킨 가미카제 특공대와 소형 보트에 폭탄을 싣고 미군함정에 돌진하도록 한 가이텐 특공대를 위한 동굴입니다.

특히 대정읍 송악산과 성산일출봉 등에서 많은 동굴진지를 볼 수 있는데요, 모두 주민들을 동원하여 파놓았으니, 주민들의 고초가 얼마나 컸을지는 능히 상상할 수 있을 것입니다. 제주도는 일본 본토를 지키기 위한 옥쇄작전의 제물이 될 뻔했으나 일본이 항복하면서 가까스로 화를 면했습니다.

성산일출봉 해안 쪽 진지동굴

동굴진지에서 바라본 풍경

여행 메모

오늘의 여행지들을 차례로 적어봅시다.

인상적이었던 여행지가 있다면 어떤 점이 인상적이었는지 적어봅시다.

여행지와 관련된 신화나 전설 중 기억에 남는 것이 있다면 간단하게 줄거리를 적어봅시다.

오늘의 견문과 관련하여 좀 더 알고 싶은 내용이 있다면 정리해보세요.

넷.

전설과 함께하는 지질 트레킹

여행 일정

코스 1.

수월봉과 차귀도

⇩

(점심)

⇩

산방산

⇩

용머리해안

코스 2.

국토최남단 마라도

⇩

(점심)

⇩

산방산

⇩

용머리해안

제주도는 180만 년 전부터 수천 년 전까지의 화산 활동으로 만들어진 화산섬입니다. 이러한 화산 활동은 독특하고 아름다운 자연풍광을 형성하였고, 이를 바탕으로 우리나라 대표적인 여행지이면서 유네스코가 선정한 세계지질공원이 될 수 있었습니다.

하지만 화산회토로 이루어진 토지는 척박하여 제대로 농사를 지을 수 없었고, 제주에 뿌리를 내리고 살아온 사람들의 삶은 고난의 연속이었습니다. 이러한 까닭에 제주에는 슬픈 전설이 많이 전해지고 있습니다. 제주의 대표적인 지질 명소를 걸으며 이곳에 전하고 있는 전설을 감상해봅시다.

1.
수월봉에서 만나는 수월이와 녹고의 슬픈 전설

세계지질공원 명소 수월봉

위치 : **제주시 한경면 노을해안로 1013-70**

예상 소요 시간 : **2시간**

거리 : **제주 공항에서 1시간**

입장료 : **없음**

바다를 배경으로 야트막하게 솟아오른 수월봉! 높지 않은 봉우리지만 정상에 올라 한라산 쪽으로 시선을 던지면 고산 평야가 시원하게 펼쳐지고, 몸을 돌리면 하늘과 맞닿은 바다의 푸른빛이 눈을 시리게 합니다. 이렇게 아름다운 수월봉에는 슬픈 전설이 전해지고 있습니다.

수월봉은 대표적인 제주도 지질공원 명소 중 하나입니다. 지질공원이란 지구과학적으로 중요하고 아름다운 경관을 지닌 장소로 자연, 인문, 사회, 역사, 문화와 전통 등이 결합되어 있으며, 이를 바탕으로 지역주민과의 상생을 추구하는 곳을 말합니다.

제주에서 가장 아름다운 일몰 광경을 볼 수 있다는 수월봉은 높이 77m의 야트막한 오름입니다. 약 1만 8천 년 전 지하에서 상승하던 마그마가 물을 만나 폭발하면서 발생한 화산재들이 쌓여 형성되었습니다. 분화구 안쪽이라고 추정되는 해안절벽은 다양한 화산 퇴적구조가 관찰되어 지질자연교과서라 평가받고 있습니다.

수월봉 정상, 고산기상대

수월봉 정상은 근처에 있는 차귀도와 당산봉 일대 그리고 드넓은 바다를 시원하게 조망할 수 있는 아름다운 곳입니다. 이곳 정상에는 고산기상대와 여행객을 위한 전망대도 조성되어 있습

수월봉에 있는 고산기상대

수월봉에서 바라본 고산평야와 한라산

니다. 그래서 수월봉을 본격적으로 탐사하기 전에 먼저 정상에 올라 탁 트인 주변 경관을 둘러보는 것이 좋겠습니다.

수월봉 화산 쇄설암층의 화산탄과 탄낭구조

수월봉 정상에서 내려와 해안절벽 쪽으로 걸음을 옮기면 화산 활동의 현장을 눈으로 직접 확인할 수 있습니다. 해안절벽의 화산쇄설암층에서는 다양한 화산 퇴적구조가 관찰되는데, 크고 작은 화산탄(화산암괴)들이 박혀 있고, 화산탄이 떨어질 때 충격으로 주머니 모양으로 지층이 휘어진 탄낭구조도 볼 수 있습니다.

화산쇄설암층의 화산탄과 지층이 휘어진 탄낭구조

수월봉 엉알길

수월봉 바닷가에는 해안절벽이 병풍처럼 둘러진 엉알길이 있습니다. '엉알'은 제주어로 큰 바위 아래 또는 낭떠러지 아래라는 뜻입니다. 수월봉 엉알길은 해안절벽과 바다를 끼고 걸으며 아름다운 바다 풍광을 감상할 수 있는 올레인데, 차귀도 자구내 포구까지 1.2km가량 이어집니다.

엉알길의 해안절벽은 화산 활동에 의한 분출물들이 70m 정도의 두께로 기왓장처럼 차곡차곡 쌓여 있는 퇴적구조입니다. 엉알길을 걷다 보면 화산탄들과 탄낭구조를 가까이서 볼 수 있어 화산 활동의 현장에 있는 생생함을 맛볼 수 있습니다.

해안절벽과 바다를 끼고 걷는 수월봉 엉알길

현무암이 까맣게 펼쳐진 해변

수월봉 해안에는 파도에 깎인 검은색 현무암과 검은 모래 등이 펼쳐집니다. 특히 검은 모래는 화산재에 포함되어 있던 검은색 현무암 알갱이들이 파도에 깎이고 부서져 형성된 것입니다. 검은 모래 해변에는 톳이나 미역과 같은 해조류가 무성하여 마을 공동어장으로 활용하고 있다고 합니다.

검은 현무암의 수월봉 해변

녹고의 눈물

차귀도 방향으로 엉알길을 걷다 보면 '녹고의 눈물'이라는 안내판을 볼 수 있습니다. 절벽 아래로 흘러나오는 물을 '녹고의 눈물'이라고 부르는 것입니다. 어떠한 사연이 있어 이렇게 이름 붙여졌을까요? 이곳에 전해지는 슬픈 전설을 감상해봅시다.

전설읽기 수월봉 녹고의 눈물

지금으로부터 약 350여 년 전 고산리에는 수월이와 녹고라는 오누이가 홀어머니를 모시고 의좋게 살고 있었습니다. 일찍이 아버지를 여의고 가난하게 살고 있었지만 세 식구는 행복했습니다.

그러던 어느 날 어머니가 몹쓸 병에 걸려 자리에 눕고 말았습니다. 오누이가 이 약 저 약 좋다는 약은 다 구해다가 써보았지만 어머니는 점점 위독해졌습니다. 수월이와 녹고는 어찌할 바를 모르고 서로를 쳐다보며 눈물을 흘렸습니다.

이때 지나가던 스님이 남매가 울고 있는 걸 보고 연유를 물었습니다. 어머니가 아프신데 이 약 저 약 다 써보아도 효과가 없어 어찌할 바를 모르겠다는 오누이의 말에 스님은 백 가지 약초를 가르쳐주면서 그것을 달여 먹으면 나을 수 있을 것이라고 얘기했습니다.

수월이와 녹고는 그때부터 이곳저곳 돌아다니며 약초를 구해왔습니다. 그런데 아흔아홉 가지의 약초를 캐왔지만 마지막 한 가지는 찾을 수 없었습니다. 그 약초의 이름은 '오갈피'였습니다.

이 오갈피는 높은 바위나 산비탈 같은 곳에만 자란다고 합니다. 그래서 수월이와 녹고는 다시 곳곳을 누비던 중 바닷가 절벽에서 까만 열매를 달고 있는 오갈피를 발견했습니다. 그런데 오갈피는 절벽의 중간쯤에 위치해 있었습니다.

오갈피를 발견한 수월이는 위험하다는 생각을 할 겨를도 없이 절벽을 내려갔습니다. 한 손은 녹고의 손을 잡고 한 발자국씩 내려가던 수월이는 드디어 오갈피를 손에 넣을 수 있었습니다. 수월이가 조심스럽게 오갈피를 녹고에게 건네주었습니다.

그런데 오갈피를 받은 녹고가 기쁨에 넘쳐 수월이의 손을 놓고 말았습니다. 그 순간 수월이는 절벽 아래로 굴러 떨어졌고, 목숨을 잃고 말았습니다.

한순간에 누이가 절벽에서 떨어져 죽자 충격을 받은 녹고는 망연자실 절벽 위에 앉아 하염없이 눈물을 흘렸습니다. 녹고의 눈물은 그치지 않아 바위틈으로 흘러내렸습니다. 며칠 밤낮 눈물을 흘리던 녹고는 마침내 기운이 다하여 숨이 끊어지고 말았습니다. 녹고가 죽은 후에도 바위틈에서는 끝없이 눈물이 샘솟아 흘렀습니다.

뒷날 마을 사람들은 이 동산을 '녹고물오름' 또는 '수월봉'이라 불렀습니다. '녹고물오름'이란 녹고의 눈물이 흘러내리는 작은 산이란 뜻입니다. 고산리 바닷가에 있는 수월봉에는 의좋은 오누이의 슬픈 이야기가 지금까지도 샘물처럼 흐르고 있습니다.

수월봉 바위틈으로 흐르는 녹고의 눈물

차귀도와 한라산신의 노여움

수월봉 해안에서 동쪽으로 걸어가면 자구내 포구에 이를 수 있는데, 바로 앞에 보이는 섬이 차귀도입니다. 차귀도와 수월봉은 2km 정도 떨어져 있지만, 지질학자들은 원래 하나의 분화구에서 생겨난 같은 오름이라고 합니다. 수월봉과 차귀도는 하나의 분화구로 연결되어 있었다는 말입니다.

차귀도는 대나무가 많아 대섬이라고도 불리는 차귀도 외에도 누운섬, 지질이섬, 상여섬, 생이섬, 썩은섬의 6개 섬으로 이루어져 있습니다. 1970년대 말까지 7가구가 농사를 지으면서 살았지만 현재는 무인도입니다. 그래서 배를 타고 가면 당시 집터와 연자방아 등을 볼 수 있습니다.

차귀도에는 매바위 전설이 전해지고 있습니다. 고려 때 송나라 황제는 제주가 천자가 날 땅이라는 걸 알고 고종달을 시켜서 산혈과 물혈을 끊어버리게 했습니다. 섬 전체의 혈자리를 끊어버

수월봉에서 바라보는 차귀도

리고 돌아가던 고종달이 차귀도 앞바다에 이르렀을 때입니다. 분노한 한라산 신령 광양당신이 매로 변해 배 위로 날아들었습니다. 그와 동시에 폭풍이 몰아치고 파도가 솟구치면서 배가 뒤집혀 고종달은 물에 빠져 죽고 말았습니다. 이로 인해 매바위가 있는 섬은 고종달이 되돌아가지 못했다는 뜻의 차귀遮歸라는 이름을 얻게 되었다고 합니다.

전설이 서려 있는 차귀도 매바위

2.
산방산과 산방덕의 눈물

한라산을 배경으로 우뚝 솟은 산방산

위치 : 서귀포시 안덕면 산방로 218-10

예상 소요 시간 : 2시간

거리 : 제주 공항에서 1시간

입장료 : 용머리해안 통합 관람 청소년 1,500원, 단체 1,000원

산방산은 약 80만 년 전에 형성되었으며, 인근에 위치한 용머리해안과 함께 제주에서 가장 오래된 화산지형 중 하나입니다. 용머리 응회환이 형성된 후에 응회환을 뚫고 흘러나온 조면암질 용암에 의해 산방산이 형성되었다고 합니다. 산방산은 우리나라 어디에서도 보기 힘든 희귀한 화산지형일 뿐만 아니라 아름답고 독특한 경관을 가지고 있습니다.

산방산은 한라산 봉우리가 날아와 박힌 것이라는 전설이 있습니다. 먼저 전설을 감상해볼까요.

"옛날 어떤 사냥꾼이 한라산에 사냥을 갔는데, 여기 저기 돌아다녀 봐도 사냥감이 보이지 않았다. 사냥감을 찾아다니다 보니 어느덧 한라산 정상까지 다다랐다. 그런데 바로 그곳에 사슴 한 마리가 서 있었다. 드디어 사냥감을 발견한 사냥꾼은 급히 화살을 날렸지만 화살이 빗나가면서 그만 옥황상제의 엉덩이를 쏘고 말았다. 발칵 화가 난 옥황상제가 닥치는 대로 한라산 봉우리를 뽑아서 던졌는데, 그 봉오리가 날아와 박혀 산방산이 되었다. 그리고 한라산에는 봉우리가 뽑히면서 움푹 파인 곳이 생겼는데, 이곳이 바로 백록담이다."

전설 속에서 산방산은 한라산 봉우리였다고 하지만, 실제로는 화산 활동에 의해 형성된 종 모양의 화산입니다. 그래서 '종상화산' 또는 '용암돔'이라고 부릅니다. 점성이 매우 높은 조면암질 용암이 계속 뿜어져 나오면서 멀리 흐르지 못하고 굳어진 화산체 입니다.

산방산 탐방 안내판

산방산 암벽식물지대에는 구실잣밤나무, 참식나무, 후박나무, 생달나무, 육박나무, 돈나무, 까마귀쪽나무 등의 해안에서 사는 식물들과 지네발란, 풍란, 석곡, 섬회양목 등의 암벽에서 사는 식물들이 서식하고 있습니다. 이러한 암벽의 식물지대가 학술적으로 가치가 있다고 인정받아 지난 1993년 제주 산방산 암벽식물지대 24만 7935㎡가 천연기념물 제376호로 지정되었습니다.

산방굴과 산방굴사

남서쪽으로 200m 지점에는 산방굴山房窟이라는 해식동굴이 있습니다. 깎아지른 듯이 가파른 절벽에 길이 10m, 너비 5m, 높이 5m쯤 되는 동굴이 형성된 것입니다. 산방굴에서 내려다보는 주변 경관은 영주십경의 하나로 칠 정도로 아름답습니다. 용머리 해안과 형제섬, 가파도, 한국 최남단 영토인 마라도까지 시원하게 펼쳐집니다. 산방굴은 예로부터 수도승들의 수도 장소로 애용되기도 하였고, 귀양 왔던 추사 김정희도 즐겨 찾았다고 하는 곳입니다.

산방산 중턱에 있는 산방굴사

산방굴사에서 바라보는 바다 풍경

산방굴과 산방덕의 전설

산방굴 내부 천장 암벽에서 물이 떨어지고 있는데, 이 물을 마시면 장수한다는 속설이 있어 사람들이 많이 찾고 있습니다. 또한 이 물은 산방산을 지키는 여신 산방덕이 흘리는 사랑의 눈물이라고 하는 전설도 전하고 있습니다. 산방덕은 어떤 사연이 있어 이렇게 눈물을 흘리고 있을까요. 전설 속에서 그 사연을 확인해보세요.

산방덕의 눈물과 관련 있는 약수터

전설 읽기 산방덕의 눈물

산방덕은 산방굴사의 여신으로서 인간계에 환생하여 살고 있었다. 산방덕은 이곳에서 수행을 하던 고승과 사랑에 빠졌고 부부가 되어 함께 살았다. 그런데 산방덕의 미모를 탐하던 주관이 고승을 처치해버리고 산방덕을 빼앗을 계략을 세웠다.

주관은 고승이 역적모의를 하고 있고, 그의 겨드랑이에는 날개가 숨겨져 있다고 소문을 내었다. 소문은 삽시간에 퍼져나갔고, 드디어 관가에서 그를 잡아들이기에 이르렀다.

목사는 고승에게 역적모의를 실토하라며 고문을 가하기 시작했다. 무시무시한 고문을 견디다 못한 고승은 스스로 혀를 깨물어 죽어버리고 말았다. 이렇게 고승이 죽자 주관은 산방덕에게 역적의 아내 또한 목숨을 내놓아야 하나 자신의 첩으로 살면 살려주겠다고 협박했다.

산방덕은 죄악으로 가득한 인간 세상에 크게 실망하였다. 그리고 사랑하는 남편을 잃은 슬픔을 견딜 수 없었다. 눈물을 흘리던 산방덕은 인간계에 환생한 것을 한탄하여 다시 암굴에 들어가 화석이 되었다. 이렇게 바위로 굳어졌지만 고승을 그리워하며 흘리는 산방덕의 눈물은 그치지 않았다. 오늘날까지도 산방굴에는 산방덕의 눈물이 떨어지며 샘을 이루고 있다.

3.
승천하지 못하는 용의 전설, 용머리해안

용머리해안 산책길

위치 : 서귀포시 안덕면 사계남로216번길 24-32

예상 소요 시간 : 2시간

거리 : 제주 공항에서 1시간 소요, 산방산 인근

입장료 : 산방산과 통합 관람 청소년 1,500원, 단체 1,000원

산방산 바로 아래쪽에 수려한 절경을 자랑하는 용머리해안이 있습니다. 용이 머리를 들고 바다로 들어가는 자세를 닮았다고 해서 붙여진 이름입니다. 이곳 역시 화산 활동에 의해 형성된 곳인데, 모진 파도와 바람에 깎인 흔적이 그대로 드러나면서 장관을 이루고 있어 사람들이 많이 찾고 있는 관광명소입니다. 30~50m 길이의 절벽이 마치 물결처럼 굽어져 있고, 바닷가 쪽으로 절벽에 둘러진 길이 형성되어 있어 산책을 하면서 지층을 관찰할 수 있습니다.

용머리해안

용머리해안은 제주도에서 가장 오래된 화산체로 한라산이 만들어지기 훨씬 이전인 120만 년 전에 태어났다고 합니다. 세 개의 수성화산이 시간 간격을 두고 차례차례 폭발하여 탄생한 용머리해안은 응회암으로 이루어져 있습니다. 응회암은 바닷속에서 올라온 마그마가 바닷물과 만나 폭발을 일으킬 때 생성된 화산가루가 쌓이면서 굳어진 것입니다.

용머리 응회환은 제주도 형성 초기에 만들어진 대표적인 수성화산체임과 동시에 화산체의 붕괴에 따라 화구가 이동하며 만들어진 독특한 수성화산이란 점에서 학술적 가치가 높습니다.

산방산 앞에 위치한 용머리해안

하멜상선 전시관

용머리해안 앞에는 하멜 기념비와 하멜상선 전시관이 있습니다. 네덜란드인 하멜은 조선 효종 4년, 상선 스페르베르호를 타고 일본으로 가던 중 태풍을 만나 제주도 용머리해안에 표류하였습니다. 그는 고국으로 돌아가 조선에서 겪은 모험담을 쓴 『하멜 표류기』를 남겼죠. 이것을 기념하여 세운 하멜상선 전시관에 당시 난파된 상선을 재현하고 내부에 관련 자료를 전시하고 있습니다.

난파된 상선을 재현한 하멜상선 전시관

산방산과 용머리해안이 있는 사계리 바닷가

용머리해안과 고종달 전설

용머리해안은 이름처럼 용이 바다로 내려가는 형상을 하고 있습니다. 하늘로 승천해야 할 용이 바다 쪽으로 머리를 틀고 있는 모습 때문일까요? 이곳에는 제주 사람들의 안타까운 마음을 담은 전설이 있습니다.

전설 읽기 제주의 혈맥을 끊어버린 고종달

중국 진시황제는 천하를 통일하고 만리장성까지 쌓아놓아 적들이 쳐들어오지 못하게 방어태세를 갖추었다. 그러면서 이웃에 새로운 제왕감이 나타날까봐 천기를 살펴보며 감시를 게을리하지 않았다.

어느 날 진시황이 지리서地理書를 펼쳐놓고 보니 남방국 제주의 지세가 심상치 않았다. 곳곳에 혈穴이 있어 영웅이 쉴 새 없이 나게 되어 있었던 것이다. 진시황은 이 영웅들이 나지 못하도록 손을 써야겠다고 생각했다. 그래서 고종달이를 불러 당장 제주로 가서 물 혈을 끊으라고 지시를 내렸다. 좋은 샘물만 없으면 영웅호걸이 나올 수 없기 때문이다.

고종달이는 중국을 떠나서 남방국 제주로 왔다. 먼저 구좌면 종달리 바닷가로 배를 붙여 들어왔다. 당시 종달리는 현재의 위치가 아니었다.

'윤드르목'이라는 산 앞에 있는 '너븐드리'라는 평지의 '대머들'이라는 곳에 마을을 이루고 있었다. 여기에 마을을 이루게 된 것은 이곳이 토질이 좋을 뿐 아니라, 그 곁에 '물징거'라는 샘물이 있었기 때문이다.

고종달은 마을에 들어서자마자 아무나 붙잡고 물었다.

"여기가 어디냐?"

"종다리외다."

고종달이 화를 벌컥 냈다.

"무엄하게도 내 이름을 동네 이름으로 쓰다니! 이곳의 물혈을 하나도 남김 없이 끊어버려야겠다."

고종달은 그래서 종다리의 혈부터 뜨기 시작했다. 그 결과 종다리의 물이 끊어지고, 물이 솟았던 구멍만 남게 되었다. 물이 더 이상 나오지 않자, 동네 사람들은 물을 찾아 바다 쪽으로 내려갔고, 지금의 종달리 마을을 형성하게 된 것이다.

고종달은 서쪽으로 가면서 혈을 발견하면 즉시 맥을 끊어버리기 시작했다. 어느 곳엔가 이르러 고종달은 한 혈을 발견하고 쇠꼬챙이를 쿡 찔렀다. 마침 바로 옆에서는 한 농부가 밭을 갈고 있었다. 고종달은 그 농부에게 무슨 일이 있어도 이 쇠꼬챙이를 빼서는 안 된다고 당부하고는 다시 혈을 뜨러 길을 떠났다.

얼마 안 있어 어떤 백발노인이 농부 앞에 나타났다. 노인은 매우 고통스러운 듯이 울면서 "저 쇠꼬챙이를 빼 달라"고 애원하였다. 농부는 무슨 곡절인지 알 수 없었지만 고통스러워하는 노인의 애원을 외면할 수 없어 쇠꼬챙이를 뽑아주었다.

순간 쇠꼬챙이가 꽂혔던 구멍에서 피가 콱 솟아올랐고, 옆에 서 있던 농부가 놀라 털썩 주저앉았다. 노인은 얼른 그 구멍을 막았다. 그러자 더 이상 피가 나오지 않았고, 평소 상태대로 조용해졌다. 농부가 정신을 차려 보니 백발노인은 간 데 없이 사라지고 없었다.

그 혈은 말혈馬穴이었다. 다행히 솟아오르는 피를 멈추게 했으므로 제주도에서 계속 말이 나게 되었다. 그러나 얼마간 피가 솟아나와버렸기 때문에 제주의 말은 몸집이 작아졌다. 사람들은 이렇게 작은 제주의 말을 '조랑말'이라고 부른다.

고종달은 제주시 화북에 이르렀다. 그가 가진 지리서에 '고부랑나무 아래 행기물'이란 물혈이 있었기 때문에 이 혈을 끊기 위해서 화북에 온 것이다. 그때 근처에 한 농부가 밭을 갈고 있었는데, 백발노인이 헐레벌떡 달려 왔다. 노인은 매우 급하고 딱한 표정으로 하소연했다.

"저기 물을 놋그릇 행기에 한 그릇 떠다가 소 길마 밑에 잠시만 숨겨주시오."

농부는 영문을 몰랐지만 노인이 하도 간절히 부탁하기에 시키는 대로 해주었다. 그랬더니 노인은 그 행기물에 살짝 들어가 숨어버렸다. 이 노인은 바로 수신(水)이었던 것이다.

농부는 뭔가 심상치 않은 일이 벌어지려나 보다 생각하면서 다시 밭을 갈기 시작했는데, 아닌 게 아니라 얼마 안 되어 고종달이 개 한 마리를 데리고 나타났다. 그는 농부를 보자 다짜고짜 물었다.

"여기 고부랑나무 아래 행기물이라는 곳이 어디요?"

농부는 고개를 갸웃하며 대답했다.

"내 이제껏 이 마을에 살았지마는 그런 물은 들어본 적이 없소."

고종달은 이상하다고 중얼거리면서 주변을 샅샅이 찾아보았다. 그러나 그런 이름을 가진 샘물은 어디에도 없었다.

사실 고종달이 가진 지리서는 얼마나 신통한 책인지, 수신이 행기 물 속에 들어가 길마 밑에 숨을 것까지 다 알고 기록해놓은 것이다. 고부랑나무란 것은 길마를 이름이고 행기물이란 행기 그릇에 떠 놓은 물을 말하는 것이다. 그런데 고종달은 이걸 몰랐다.

고종달이 데리고 온 개가 물 냄새를 맡았다. 개는 길마 밑으로 가서 냄새를 식식 맡으면서 으르렁거렸다. 이걸 본 농부는 길마 옆에 놓아둔 점심을 개가 먹으려고 하는 것이라 생각하고는 야단을 쳤다.

"요놈의 개가 어디 내 점심밥을 먹으려 들어?"

농부가 막대기를 들어 내리치려 하니 개는 놀라 저만큼 도망가버렸다.

고종달은 아무리 찾아봐도 샘물이 없자 짜증이 났다.

"이놈의 지리서가 엉터리구나!"

고종달은 지리서의 행기물 부분을 찢어 던져버렸다. 그러고는 개를 데리고 다른 곳으로 혈을 뜨러 옮겨갔다.

이렇게 해서 화북의 물 맥은 끊지 못했고, 덕분에 지금도 화북에는 샘물이 솟아오른다. 그리고 그때 행기 그릇 속에 담겨 살아난 물이라 해서 '행기물'이란 이름이 붙었다고 한다.

산방산 바닷가에 용머리라고 하는 언덕이 있다. 산방산의 줄기가 급히 바다로 떨어져 기암절벽을 이루면서 기다랗게 바다로 뻗어내린 것이다. 그 형상이 마치 용이 머리를 들고 바다로 내려가는 것 같아 '용머리'라는 이름이 붙었다.

고종달은 산방산 일대를 샅샅이 돌며 끊어야 할 혈맥을 찾아냈는데, 그곳이 바로 용머리였다. 이 용이 살아 있기 때문에 황후지지로 손색이 없었다.

고종달은 먼저 용의 꼬리 부분을 한 칼로 끊고, 이어서 잔등이 부분을 두 번 끊어버렸다. 그러자 바위에서 피가 흘러내리고 산방산은 드르르하며 신음소리를 냈다. 용의 잔등이까지 끊긴 이후 제주도에는 더 이상 왕이 나지 않게 되었다.

제주의 혈자리를 모두 잘라버린 고종달은 돌아가기 위하여 배를 띄웠다. 배가 유유히 차귀도 앞 바다에 이르렀을 때 한라산 신령인 광당당신이 매로 변해 폭풍을 일으키며 날아들었다. 그러자 배가 뒤집혔고, 고종달은 물에 빠져 죽고 말았다. 그래서 매바위가 있는 섬은 고종달이 돌아가지 못했다는 의미의 차귀遮歸라는 이름을 갖게 되었다.

('여연 『제주의 파랑새』, 도서출판 각'에서 인용·정리)

4.
국토최남단 마라도와 애기업개당신화

완만한 구릉지대의 마라도 풍경

위치 : 서귀포시 대정읍 마라로101번길 46

예상 소요 시간 : 2시간

거리 : 대정읍 모슬포항에서 배타고 30분 정도 소요(여객선 4차례 왕복 운행)

승선요금 : 청소년 왕복 18,800원(해상공원 입장료 포함),
단체(30인 이상) 15,200원, 사전예약 및 당일 확인 필수.

우리나라 최남단에 위치해 있는 마라도는 대정읍 모슬포항에서 남쪽으로 11km, 가파도에서 5.5km 해상에 있습니다. 섬 전체가 남북으로 긴 타원형 모양을 하고 있고, 해안은 기암절벽을 이루고 있습니다. 마라도는 난대성 해양 동식물이 풍부하고 주변 경관이 아름다워 2000년 7월 천연기념물 제423호로 지정, 보호되고 있습니다.

이곳은 원래 무인도였는데, 1883년 몇몇 영세농민이 들어오면서부터 사람이 거주하기 시작했답니다. 울창했던 삼림지대는 이곳으로 이주한 농민들이 화전을 일구면서 불을 놓는 바람에 모두 훼손되었다고 합니다. 그래서 지금은 탁 트인 초원지대가 되

마라도에서 바라본 산방산과 한라산

어 있습니다.

마라도는 한 시간이면 충분히 한 바퀴 돌 수 있는 면적입니다. 천천히 산책을 즐기는 마음으로 걸으며 해안 절경도 감상하고, 이곳 주민들이 섬기는 신당과 마라분교, 등대 등을 탐방하면 됩니다. 마라도에는 짜장면집이 많으니, 탐방을 끝내고 나서 짜장면으로 점심 식사를 하는 것도 추천합니다. 원조의 맛을 자랑하는 짜장면집들이 있어 마라도에는 짜장면을 먹으러 간다는 말이 있을 정도입니다.

마라도에는 분화구가 존재하고 있지 않으나 화산 활동에 의해 형성된 섬으로 추정하고 있습니다. 해안은 새까만 현무암으로

마라도 최남단에 우뚝 솟아 있는 신선바위

빠삐용절벽이라고 이름 붙인 마라도 해안

마라도 가는 배 한쪽에 세워진 영화 속 인물 빠삐용

기이하면서도 아름다운 빠삐용절벽

이루어져 있고, 해식동굴과 기암절벽의 해안절경을 보여주고 있습니다. 선착장 부근에서 용암이 굳어 형성된 용암류의 단면을 볼 수 있습니다.

불쌍한 여자아이를 신으로 모신 애기업개당

마라도 주민들이 해마다 제사를 지내는 신당이 있습니다. 바로 애기업개당입니다. 이곳에는 불쌍하게 죽은 애기업개 소녀가 신으로 좌정하고 있습니다. 어떠한 사연으로 어린 소녀를 신으로 모시고 있을까요? 그리고 이 어린 소녀는 어떠한 연유로 마라도에서

북쪽 바닷가 언덕에 위치한 애기업개당

불쌍하게 죽어야만 했을까요? 신화 속에 그 사연이 담겨 있습니다.

신화 읽기 애기업개 처녀당 신화

오래전 마라도에 사람이 살고 있지 않을 때의 이야기이다. 마라도 연안에는 전복과 소라 등 해산물이 풍부해서 모슬포 해녀들은 이곳에 물질을 다녔다.

어느 겨울 날, 모슬포 해녀들은 배에다 식량을 가득 싣고 마라도에 해산물을 채취하려고 들어갔다. 며칠을 머무르며 물질을 할 것이기 때문에 이씨 부인은 아기와 함께 아기를 돌보는 애기업개도 데리고 갔다.

이 애기업개는 이씨 부인의 수양딸이었다. 이씨 부인이 밤에 물을 길러 우물에 갔다가 숲에서 아기 우는 소리가 났고, 가서 보니 세 살 된 여자아이가 혼자 울고 있었다. 아기의 부모를 찾지 못하자 데려와 수양딸 삼아 키웠는데, 이씨 부인이 아기를 낳게 되자 자연스럽게 애기업개가 된 것이다.

며칠 동안 물질을 하여 전복과 소라 등을 푸짐하게 잡은 해녀들이 이제 돌아가려고 하는데 바람이 어찌나 세게 부는지 도저히 배를 띄울 수가 없었다. 몇 날 며칠을 기다렸으나 좀처럼 바람이 잦아들 기미가 보이지 않았다. 게다가 식량은 거의 다 떨어져가니 걱정이 이만저만이 아니었다.

그러던 중에 해녀 한 사람이 꿈을 꾸었다. 꿈속에서 애기업개를 섬에 버리고 떠나야 무사히 마라도를 빠져나갈 수 있다는 목소리가 들렸다. 만일 그렇게 하지 않으면 배가 도중에 파선이 되어 모두 고기밥이 될 거라고도 예언했다.

꿈에서 깬 해녀는 자신이 들은 이야기를 동료들에게 털어놓았다. 그러자 뱃사공도 같은 꿈을 꾸었다고 말했다. 자칫 잘못하면 모두 물에 빠져 죽을지도 모르는 일이 아닌가. 모두들 불안하여 웅성웅성 정신을 차리지 못했다. 해녀들과 뱃사공은 목소리를 낮추며 어떻게 할 것인지 의논을 했다. 그들은 모두 살기 위해서 애기업개를 희생시키는 수밖에 없다고 결론을 내렸다.

의논을 마치고 기회를 엿보고 있는데 마침 바람이 잦아들었다. 모두들 부랴부랴 배에 올라탔다. 막 섬을 떠나려 하는데 해녀 하나가 기저귀를 섬에 놓고 왔다고 말했다. 해녀가 가리키는 쪽을 바라보니, 흰 헝겊 하나가 높은 바위 위에 놓여 있었다. 해녀들은 애기업개에게 배에서 내려 아기기저귀를 가져오라고 시켰다. 아무것도 모르는 애기업개는 기저귀를 가지러 바위 위로 달려갔다.

그러자 사공은 바로 닻을 올리고 배를 움직이기 시작했다. 애기업개가 기저귀를 가지고 왔을 때는 벌써 배가 멀리 나아간 후였다. 애기업개는 기저귀를 흔들며 자기도 데려가라고 소리쳤다. 그러나 배는 돌아오지 않았다.

해녀들은 울부짖으며 발버둥치는 애기업개의 모습을 멀리서 바라보면서 고개를 돌렸다. 그리고 모두들 무사히 집으로 돌아왔지만 울부짖으며 원망하던 처녀아이의 모습이 잊히지 않아 마음이 편치 않았다.

겨울이 가고 따뜻한 봄이 찾아왔다. 해녀들은 다시 마라도로 물질을 갔다. 마라도에 도착한 해녀들은 우선 애기업개를 찾아보았다. 애기업개가 울면서 손을 흔들던 자리로 가보니 그곳에는 뼈만 앙상하게 남아 있었다. 해녀들은 자기들 때문에 희생당한 애기업개 처녀의 넋을 위로하기 위하여 처녀당을 짓고, 매년 당제를 올리게 되었다.

가파초등학교 마라분교

마라분교는 1958년에 설립 인가를 받아 졸업생들을 배출했습니다. 하지만 마라분교는 더 이상 재학 중인 학생이 없어 2016년 3월부터 현재까지 휴교 상태라고 합니다. 교실에는 마지막 수업을 끝으로 멈춰 있는 시계와 비어 있는 책상이 주인을 기다리고 있습니다.

마라분교는 바다를 배경으로 한 아주 작고 예쁜 교정을 가지고 있죠.. 국토최남단 마라도의 작은 초등학교 교정 안으로 들어서서 건물도 둘러보고 놀이기구가 어린이들을 기다리고 있는 운동장도 걸어보기 바랍니다.

마라분교 전경

국토최남단 기념비

마라도에는 국토의 최남단임을 알리는 기념비가 세워져 있습니다. 남제주군에서 마라도 경도 126′ 북위 33′ 06′ 30″ 자리에 비를 세웠다고 합니다. 현무암 자연석인 높이 1.52m의 이 비에는 '대한민국 최남단'이라는 한자가 새겨져 있습니다.

마라도에 세워져 있는 국토최남단비

마라도 등대

세계 각국의 해도에 제주도는 표시되지 않아도 마라도 항로표지관리소인 등대는 표기되어 있다고 할 정도로 중요한 시설입

바다를 항해하는 선박들의 길잡이 마라도 등대

니다. 바다를 항해하는 국제선박들과 인근에서 조업하는 어선들에게 방향을 알려주는 안내자의 역할을 하고 있기 때문입니다. 10초에 한 번씩 깜빡이는 불빛은 38km까지 뻗어나간다고 하네요.

이 등대는 1915년에 일본군에 의하여 설치되었고 당시에는 군사통신기지로 활용하였습니다. 제주항만청 마라도 등대 옆에는 해양문화공간이 조성되어 여행객들에게 볼거리와 휴식공간을 제공하고 있습니다.

마라도에서 바라보는 본섬 제주의 풍경이 무척이나 아름답습니다. 한라산과 산방산 그리고 크고 작은 오름 들이 광대하게

마라도 산책길

펼쳐집니다. 탁 트인 바다를 바라보면서 스트레스와 일상의 긴장을 날려버리고 제주 본섬의 풍경 속으로 다시 돌아가기 바랍니다.

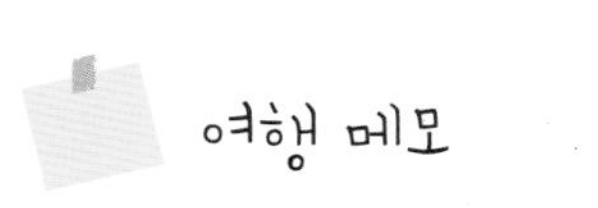

여행 메모

오늘의 여행지들을 차례로 적어봅시다.

인상적이었던 여행지가 있다면 어떤 점이 인상적이었는지 적어봅시다.

여행지와 관련된 신화나 전설 중 기억에 남는 것이 있다면 간단하게 줄거리를 적어봅시다.

오늘의 견문과 관련하여 좀 더 알고 싶은 내용이 있다면 정리해보세요.

다섯.

신화마을 김녕과 영웅신 궤네기또

여행 일정

만장굴

⇩

김녕사굴 입구

⇩

궤네기굴당

⇩

(점심)

⇩

서문하르방당

⇩

성세기굴당

⇩

성세기해변

김녕마을은 옆 동네인 월정과 함께 용암동굴이 많은 세계지질공원입니다. 김녕마을에 있는 만장굴과 김녕굴은 천연기념물 제 98호로 유네스코 세계자연유산으로 등재되었습니다. 화산섬 제주의 보고라 평가받고 있는 이 동굴들은 벵뒤굴, 당처물굴 등과 함께 검은오름 용암동굴계에 속합니다.

사실상 동굴 위에 형성되었다고 해도 과언이 아닌 김녕마을에는 여러 신들이 좌정하고 있고, 그에 따른 신화도 전하고 있습니다. 세계지질공원 김녕마을을 탐방하면서 이곳에 좌정하고 있는 신들의 이야기에 귀를 기울여볼까요.

1.
화산동굴 만장굴과 뱀전설의 김녕사굴

김녕마을 성세기해변

위치 : **만장굴 _ 제주시 구좌읍 만장굴길 182**

김녕사굴 _ 제주시 구좌읍 김녕리 201-4

예상 소요 시간 : **2시간**

거리 : **제주 공항에서 1시간**

입장료 : **청소년 2,000원 단체 1,500원**

구좌읍 김녕리에 위치하고 있는 만장굴은 제주도의 용암동굴을 대표하고 있습니다. 거문오름에서 분출한 용암류가 해안까지 흘러가면서 벵뒤굴, 만장굴, 김녕사굴, 용천동굴, 당처물동굴 등의 용암동굴을 형성했는데, 이 중에서 만장굴이 가장 규모가 큰 동굴이며 유일하게 일반인에게 공개되고 있습니다.

만장굴 입구 안내 표지판

만장굴은 용암이 흘러갔던 행적에 따라 구불구불하게 형성되었는데, 총 길이는 7,416m이며 최대 폭은 23m, 최대 높이는 30m인 대규모 용암동굴입니다. 천장 세 곳이 무너지면서 형성된 세 개의 입구 가운데 현재 제2입구에서 용암석주까지 일반인에

만장굴 입구

게 공개되고 있습니다.

만장굴은 약 30만 년 전에서 10만 년 전에 형성된 용암동굴입니다. 형태와 화산 활동 흔적이 잘 보존되어 있어 학술적 가치가 높은 것으로 평가받고 있지요. 동굴 내부가 연중 11도에서 18도를 유지하여 여름에는 시원하고 겨울에는 따뜻하기 때문에 즐겁게 동굴 탐방에 나설 수 있습니다.

그러면 지금부터 만장굴 속에서 화산 활동의 흔적들을 만나볼까요.

동굴벽의 유선구조

만장굴 안으로 들어서면 뻥 뚫린 공간의 엄청난 규모 때문에 넓은 홀에 들어와 있는 것 같은 느낌을 맛볼 수 있습니다. 시원하게 뚫린 동굴 속 길을 걸어가노라면 먼저 동굴벽면에서 가로로 이어지는 줄무늬가 눈에 들어옵니다. 용암이 흐르던 흔적으로 용암의 최상부가 벽면에 선으로 표시된 것이지요. 이러한 유선구조는 동굴이 형성된 후 용암이 얼마나 자주 그리고 얼마나 많이 흘렀는지를 보여줍니다.

동굴벽으로 선명하게 드러난 유선구조

용암종유

동굴 속 넓은 공간을 걸어가다 보면 높이가 낮은 통로가 수시로 나타납니다. 이곳의 벽면에는 무언가에 빨려갔던 흔적처럼 뾰족뾰족 돌출되어 있는 것들이 눈에 띕니다. 바로 용암종유입니다. 동굴 내에 용암이 지나갈 때 뜨거운 열에 의해 천장의 표면이 열에 녹아 아래로 모이면서 만들어진 동굴 생성물이죠. 그 모양이 상어이빨 같기도 하고 고드름처럼 보이기도 합니다.

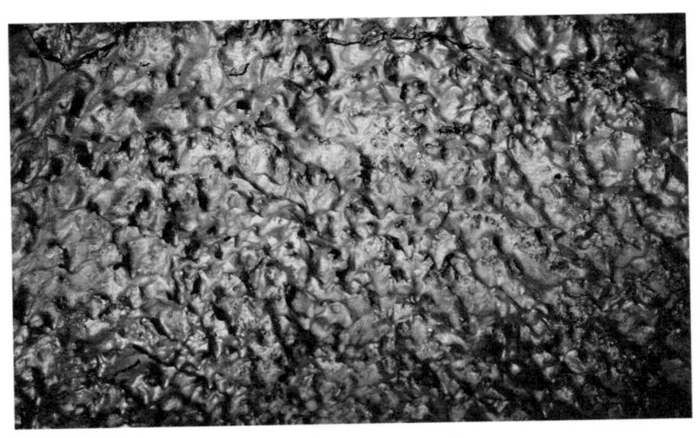

여러 모양을 하고 있는 용암종유

용암표석(돌거북)

공개된 만장굴 내부를 중간 정도 이동하다 보면 입구에서 600m지점에 오른쪽으로 밝게 조명을 받고 있는 거북이 모양의 용암표석을 만나볼 수 있습니다. 동굴 천장에서 떨어진 낙반이 용암과 함께 흐르다가 굳어버린 암석 덩어리입니다. 모양과 색깔이 신비로워 화산 활동으로 용암이 흘러가던 상황을 상상하게 하는 만장굴의 명물입니다.

거북이 모양의 용암표석

용암발가락

동굴 탐사가 거의 끝나갈 무렵, 왼쪽 바닥을 보면 굳어진 용암들이 돌덩이처럼 놓여 있는 지점이 있습니다. 용암이 흐르면서 먼저 굳어진 표면의 틈을 따라 내부에 있던 용암이 삐져나온 것인데 그 형태가 코끼리 발톱을 닮아서 용암발가락이라 이름을 붙였습니다.

코끼리 발톱 모양의 용암 생성물

용암석주

만장굴 탐사의 마지막 지점에 다다르면 엄청난 규모의 기둥이 천정에서 바닥으로 이어진 광경을 볼 수 있습니다. 상층 굴을 흐르던 용암이 하층 굴의 바닥으로 흘러내리면서 기둥 모양을 형성한 것입니다. 이를 용암석주라고 합니다. 개방구간의 끝에 있는 이 용암석주는 높이가 7.6m로 세계에서 규모가 가장 크다고 합니다.

상층굴에서 흘러내린 용암석주

만장굴에는 이 외에도 용암선반, 밧줄구조 등의 화산 활동 생성물들이 있습니다. 용암이 빚어낸 태고의 신비 만장굴을 탐험하면서 어떤 것을 느꼈나요? 만장굴 곳곳에 숨겨진 용암동굴의 신비로운 체험을 정리해봅시다.

뱀전설의 김녕굴

김녕굴은 원래 만장굴과 같은 동굴이었으나 후에 동굴 천장이 함몰되어 두 개의 동굴로 구분된 것입니다. 김녕굴은 길이가 705m이며, 구불구불한 동굴 형태 때문에 뱀과 닮았다 하여 김녕사굴 혹은 김녕뱀굴이라 부르고 있습니다. 김녕굴은 우리나라의

천연동굴 가운데 제일 먼저 만장굴과 함께 1962년에 천연기념물로 지정되었습니다.

제주에는 습한 날씨 때문에 뱀이 많이 서식하고 있고, 뱀을 신으로 모시는 마을이 적지 않습니다. 그래서 그럴까요? 김녕사굴에도 뱀과 관련한 전설이 전해지고 있습니다.

전설 읽기 김녕사굴과 서련판관

구좌읍 김녕마을 동쪽에 큰 굴이 있다. 이 굴속에는 옛날에 큰 뱀이 살았다 하여 '뱀굴'이라 부르게 되었다. 뱀은 어마어마하게 큰 것이어서, 다섯 섬들이 항아리만큼이나 몸통이 컸다고 한다.

이 뱀에게 매년 처녀를 한 사람씩 제물로 올려 큰굿을 했다. 만일 처녀를 제물로 바치지 않으면 그 뱀이 이 밭 저 밭 할 것 없이 곡식밭을 다 짓밟아 버려서 농사를 망치게 하였다. 그래서 매년 꼬박꼬박 제물로 바칠 처녀를 한 명 뽑아 올려야 했다.

그런 까닭에 가난한 서민들 집에서는 걱정이 이만저만이 아니었다. 양반집이나 그래도 살만한 집에서는 딸을 잘 내놓지 않았고 대신 가난한 집이나 천민의 딸이 으레 희생되었기 때문이다. 그래서 형편이 어려운 집의 딸들은 제물로 선택될지도 모르기 때문에 제물이 정해지기까지 시집을 가지 못하는 경우도 많았다.

이러한 즈음, 조선조 중종 때 서련이라는 판관이 제주로 부임하여 왔다. 그의 나이 19세, 혈기왕성한 청년이었다. 서판관은 뱀에게 매년 처녀를 제물로 바쳐야 한다는 보고를 받고 당치않은 일이라 분개하였다. 그는 이 뱀을 처치하기로 단단히 마음을 먹었다. 그래서 마을 사람들에게 예전처럼 제상을 차리고 처녀를 올려 굿을 하도록 했다. 그러고는 몸소 군졸을 거느리고 김녕뱀굴로 나아갔다.

드디어 굿이 시작되고 심방(무당)이 한참 진행하고 있노라니, 과연 어마어마한 뱀이 동굴 속에서 스르륵 모습을 드러내었다. 뱀은 제상을 둘러보고는 상에 차려진 술과 떡을 먹어치우기 시작했다. 그러고는 마지막으로 처녀를 잡아먹으려고 하였다. 큰 뱀이 아가리를 벌리고 처녀를 삼키려고 하는 순간, 서판관이 소리를 지르며 달려들어 창검을 힘껏 내리쳤다. 그러자 뱀은 무시무시한 괴성을 지르면서 피를 소나기처럼 뿜었고, 곧 숨이 끊어졌다.

뱀이 죽자 사람들은 환호성을 올렸다. 하지만 굿을 집전하던 심방이 걱정 가득한 얼굴로 서판관에게 일렀다.

"서둘러 말을 달려 성 안으로 가십시오. 어떤 일이 있어도 뒤를 돌아보아선 안 됩니다. 만일 뒤를 돌아보면 무슨 일이 일어날지 장담하기 어렵습니다."

서판관은 심방의 말을 듣고 서둘러 말에 올라 채찍을 내리쳤다. 서판관 일행은 쏜살같이 말을 달려 성 안으로 향하였다. 무사히 제주성 동문 밖까지 이르렀을 때였다. 갑자기 뒤에서 좇아오던 군졸이 소리쳤다.

"하늘에서 피비血雨가 옵니다!"

"무슨 피비가 온단 말이냐?"

서판관은 무심코 뒤를 돌아보았다. 그 순간 하늘에서 내리던 피비가 화살처럼 서판관의 목에 꽂혔다. 그러자 서판관은 단숨에 숨이 끊어지며 말에서 떨어졌다. 뱀이 죽으면서 뿌린 피가 비가 되어 서판관의 뒤를 쫓아온 것이다.

('현용준, 『제주도 전설』, 서문당'에서 인용·정리)

서련판관 사적비

김녕사굴은 만장굴로 가는 초입쯤에 위치하고 있습니다. 하지만 현재는 굴 내부를 보호하기 위해 출입이 임시 통제되고 있습니다. 그래도 김녕사굴 입구에 가서 서련판관 사적비 등을 둘러보는 것도 의미가 있을 것입니다.

서련은 실제로 1513년 2월에 제주에 부임하여, 1515년 4월에 죽을 때까지 제주판관으로 재임했던 인물입니다. 그는 전설에서와 같이 뱀이 뿌린 피에 참변을 당한 것이 아니라 병을 얻어 죽었다고 합니다. 그러니까 실존 인물이 가공되어 전설 속 주인공이 된 것입니다.

김녕사굴 입구에 세워져 있는 서련판관 사적비

2.
영웅신 궤네기또를 모시는 궤네깃당

위치 : 제주시 구좌읍 김녕리 1901

예상 소요 시간 : 30분

거리 : 제주 공항에서 1시간, 만장굴에서 운전 10분

입장료 : 없음

만장굴에서 버스로 10분 정도 거리에 위치한 궤네깃당은 김녕마을 주민들이 백주또와 소천국의 열여섯째 아들을 신으로 모시고 있는 곳입니다. 신을 상징하는 팽나무가 늠름한 모습으로 가지를 하늘로 뻗고 있어 길에서도 쉽게 눈에 띄지만, 별다른 건물이나 구조물이 없는 소박한 곳이기도 합니다.

하지만 이곳에는 바다와 대륙으로 진출한 영웅신의 이야기가 전해지고 있습니다. 한라산 자락에서 태어난 궤네기또가 어떻게 하여 바닷가마을 김녕에 영웅신으로 좌정하게 되었는지 먼저 신화를 감상해봅시다.

신화 읽기 궤네기또의 좌충우돌 활약기

남의 소를 잡아먹은 일로 백주또에게서 쫓겨난 소천국은 해낭골굴왓이라는 굴속에 기거하면서 예전에 하던 대로 다시 사냥을 해서 먹고 산다. 이렇게 속 편한 남편과 달리 백주또는 혼자 많은 자식들을 키우면서 배 속에 아이까지 임신하고 있었으니 여간 힘든 게 아니었다.

마침내 아들이 태어나고 세 살이 되자 아비를 찾아주려고 소천국을 찾아갔다. 그런데 아버지의 무릎에 앉은 아들이 버릇없이 아버지 삼각수

염을 잡아당기고 가슴을 치는 것이 아닌가. 소천국이 얼굴을 찌푸리며 아들을 밀쳐내었다. 그러자 이를 본 백주또도 푸념했다.

"이놈의 자식이 배 속에 있을 때도 살림을 분산허게 되언게마는 태어나서도 버릇이 고약허다."

소천국과 백주또는 못된 아들을 바다에 던져버리기로 했다. 아들을 무쉐설캅(무쇠상자)에 들여앉혀 놓고 마흔여덟 자물쇠를 채워 바다로 밀어버렸다. 무쉐설캅은 물 위에서 삼 년, 물 아래서 삼 년 파도 따라 홍당망당 떠다니다가 용왕황제국 산호수 가지에 걸렸다.

그날부터 용왕황제국에 이상한 일들이 일어났다. 밤에도 초롱불을 밝힌 것처럼 환하고 낮에는 우렁우렁 글 읽는 소리가 가득했다. 용왕황제가 무슨 일인고 하여 큰딸에게 나가보라고 하였다. 하지만 큰딸은 다녀와서 아무 일도 없다고 대답했다. 둘째 딸도 마찬가지였다. 그래서 마지막으로 셋째 딸을 내보냈더니 산호수 가지에 무쉐설캅이 걸려 있었다고 보고하였다.

용왕은 큰 딸에게 무쉐설캅을 내려오라고 시켰다. 그러나 큰 딸은 내리지 못하고 빈손으로 돌아왔다. 둘째를 시켜도 마찬가지였다. 셋째 딸에게 시켰더니 밖으로 나가 산호수 가지에 올라가서는 무쉐설캅을 겨드랑이에 끼워서 살짝 내려놓았다. 그러고는 꽃당혜 신은 발로 툭툭 차니 무쉐설캅이 저절로 설강 열리면서 옥 같은 도련님이 한 아름 책을 안고 나왔다.

용왕이 도령에게 어디서 온 누구냐고 물었다. 도령이 대답하기를 조선 남방국 제주에서 온 소천국의 아들인데 강남천자국에 난리가 났다하여 평정하러 가는 길이라 하였다. 이 말을 들은 용왕은 도령이 보통 인물이 아니라고 생각하고는 막내 사위로 삼았다.

용왕국에서는 사위를 대접하느라 상다리가 부러지게 음식을 차렸지만 소천국의 아들은 거들떠보지도 않았다. 용왕황제가 왜 음식을 먹지 않는지 묻자 자신은 소도 전머리(한 마리 통째) 돼지도 전머리 먹는다고 대답하였다.

그날부터 용왕국에서는 소도 잡고 돼지도 잡아 사위 대접을 시작했다. 그렇게 석 달 열흘을 대접하다 보니 동 창고도 비어가고 서 창고도 비어갔다. 사위 먹이다 나라 망하겠다고 생각한 용왕 황제는 무쇠 바가지 하나, 무쇠 방석 하나, 금동 바가지 하나, 상마루에 매어 둔 비루먹은 망아지 한 마리 두루 챙겨 주고는 무쉐설캅에 사위와 딸을 담아 바다에 띄어버렸다.

무쉐설캅은 밀물에도 홍당망당, 썰물에도 홍당망당 물결 따라 흘러 다니다가 강남천자국 백모래밭에 다다랐다. 그날부터 강남천자국에서는 이상한 일들이 일어났다. 밤에는 백모래밭에 초롱불을 밝힌 듯 환하고, 낮에는 글 읽는 소리가 우렁우렁 그치지 않았다.

강남천자국 왕은 신하들에게 무슨 일인지 조사해보도록 했다. 군사들은 백모래밭에서 무쉐설캅을 발견하고 왕에게 가져갔다.

왕은 무쇠설캅을 열어보도록 했지만 신하들이 아무리 애를 써도 상자는 열리지 않았다. 하는 수 없이 제관을 불러와 예를 갖추어 제사를 지냈다. 그러자 단단히 닫혀 있던 무쇠설캅이 살강 하고 열리면서 안에서 기골이 장대한 도령과 어여쁜 여인이 나왔다.

강남천자국 왕이 공손하게 어느 나라에서 오신 누구냐고 물었다. 소천국의 아들은 조선 남방국 제주라는 섬나라에서 강남천자국에 큰 사변이 일어났다고 하여서 그 난을 평정하러 왔다고 대답하였다. 왕은 황급히 두 사람을 궁궐로 맞아들여 극진히 대접하고는 무쇠투구와 갑옷을 갖추어주면서 적을 물리치도록 했다.

소천국의 아들이 비루먹은 망아지를 타고 전쟁터로 들어가보니 머리 둘 달린 적장, 머리 셋 달린 적장이 칼을 휘두르며 달려오는데 아무도 막아내지 못하고 있었다. 소천국의 아들은 무쇠방석을 빙글빙글 돌리다 머리 둘 달린 적장을 향해 휙 던졌다. 그러자 적장의 머리가 그대로 한꺼번에 떨어져나갔다. 그걸 본 적군들이 웅성웅성하기 시작했다.

연이어 머리 셋 달린 적장을 향해 무쇠 바가지를 던졌다. 무쇠 바가지에 가슴을 맞은 적장이 세 개의 머리에서 한꺼번에 피를 토하며 고꾸라져 버렸다. 이를 본 적군들이 비명을 지르며 삽시간에 흩어져 달아났다.

난은 곧 평정되었고, 비루먹은 망아지를 타고 당당하게 궁으로 돌아온 소천국의 아들에게 왕이 크게 기뻐하며 벼슬을 내리고 땅 한쪽을 나눠줄 테니까 국세를 받으며 살라고 하였다. 하지만 소천국의 아들은 제주로 돌아가겠다고 했다. 이에 강남천자국 왕은 섭섭해하면서 큰 배 한 척에 식량을 가득 실어주고 군사들의 호위를 받으며 제주 땅으로 돌아갈 수 있게 해주었다.

마침내 배가 제주 바다에 당도했는데, 썰물 때라 제주 동편 소섬 진질깍으로 배를 댔다가 마음에 안 들어 종달리 갯가로 갔다가 거기도 마음에 안 들었다. 그래서 알다랑쉬오름 비자림 쪽으로 올라왔다. 소천국 아들이 부인과 함께 군사들의 호위를 받으며 제주섬으로 올라서자 천둥번개가 치듯 땅이 들썩이고 하늘이 출렁였다.

그때 아버지 소천국은 산에서 사냥을 하고 있었다. 그런데 갑자기 땅이 들썩이고 하늘이 출렁출렁 하면서 사방이 어수선해졌다. 새들이 푸드득푸드득 날아오르고 산짐승들도 놀라 사방으로 뛰쳐나갔다.

소천국이 무슨 일이 있는가 하여 오름 위에 올라 아래를 내다보니, 마을 사람들이 무슨 구경거리를 만났는지 우르르 아래로 몰려가고 있었다. 소천국은 사냥하는 걸 그만두고 마을로 내려왔다. 하녀 느진덕정하님은 소천국에게 세 살 적에 죽으라고 무쇠설캅에 집어넣고 바닷물에 띄워버린 작은 상전님이 아버지 나라를 치려고 들어왔다고 전했다.

소천국은 겁이 바락 나서 한라산 쪽으로 도망치기 시작했다. 그런데 정신없이 달리다가 그만 고꾸라져 바위 아래로 떨어졌다. 그리고 그 자리에서 숨이 끊어지고 말았다. 소천국은 알송당 고부니마루로 가서 신으로 좌정했다.

어머니 백주또도 아들이 들어왔다는 소문을 듣고 겁이 바짝 나서 도망가다가 당오름 아래서 숨이 끊어졌다. 백주또는 죽어 당오름에 좌정하였다. 그래서 백주또는 송당의 마을신이 되어 정월 열 사흘 날 대제일을 받아먹게 되었다.

아버지 어머니를 모두 잃은 아들은 몹시 슬펐다. 아버지가 좌정한 알송당 고부니마루에서 눈물 흘리던 아들은 마을마다 연락해 사냥꾼들을 모으고는 사냥을 해서 제물을 바치도록 했다. 그러고는 사냥꾼들이 잡아온 노루며 사슴을 통째로 올려 아버지께 제사를 지내주었다.

아들은 군사들을 본국으로 돌려보내고 부인과 함께 한라산으로 들어갔다. 그들은 조천면 선흘리로, 복오름 체오름으로, 교래리 숲으로, 윗송당 아랫송당 거쳐 체역장오름에 올랐다. 그곳에서 물을 마시고 좌우를 둘러보았다.

"이름난 장수가 날 명당이 어딘가 보자. 김녕리가 명당 중에 명당이로다. 김녕리 입산봉은 두 우산 심은 듯, 괴살미오름은 양산 홍산 불린 듯허다. 아끈 다랑쉬오름은 초출일산初出日傘 불린 듯허고, 웃궤눼기로 들어가니 위로 든 바람 아래로 나고, 아래서 든 바람 위로 나고, 아래 길 굽어보니 별 솜솜 달 솜솜하여 좌정할 만허구나."

소천국의 아들이 김녕마을에 자리를 잡고 앉았는데 며칠이 지나도 누구 하나 대접하는 이가 없었다. 이에 화가 나서 마을 곳곳에 풍운조화를 일으켰다. 배가 뒤집히고 어른들이 병이 나 자리보전하고 아이들도 피부병으로 고생을 하니 마을 사람들은 영문을 몰라 방황하다가 심방을 불러와 점을 치게 했다.

"소천국의 아들이 하늘옥황의 명령을 받아 김녕마을에 내려왔으나 누구 하나 대접하는 이 없으니 노여워하고 있습니다."

사람들이 소천국의 아들을 찾아가 여쭈었다.

"어디로 좌정하겠습니까?"

"알궤네기에 좌정하겠다."

소천국의 아들이 알궤눼기로 좌정하자 심방이 뭣을 잡수시냐고 물었다. 소도 한 마리 통으로 먹고 돼지도 한 마리 통째 먹는다고 하자 심방이 놀라 사정을 하였다.

"가난한 백성이 어떻게 소를 잡아서 올릴 수 있겠습니까? 집집마다 돼지를 잡아 올리도록 하겠습니다."

소천국의 아들은 심방의 청을 받아들였고, 이때부터 김녕 궤네기당에서는 해마다 돼지를 잡아 돗제를 올리게 되었다. 김녕 알궤네기 당신이 되어 자손들의 섬김을 받는 소천국의 열여섯째 아들을 궤네기또라고 부른다.

(홍죽희·여연, 『제주, 당신을 만나다』에서 인용)

궤네기또가 좌정하고 있는 김녕 궤네기당 전경. 보호수로 지정된 팽나무가 신목이다.

바다와 대륙을 평정한 영웅 궤네기또

신동흔 신화학자는 궤네기또를 극찬하면서 "용왕의 딸을 아내로 맞고 용왕국을 헤집어 놓았으니 바다를 평정한 셈이고, 강남천자국에 들어가 천자의 절을 받고 오랑캐를 물리쳤으니 대륙을 평정한 셈이다. 바다와 대륙을 동시에 평정한 존재였으니 그야말로 영웅이라는 이름이 부족하지 않다"라고 하였습니다.

이러한 궤네기또의 활약상은 그를 신으로 모시는 마을 공동체의 자부심이 되었습니다. 마을 사람들은 자신들의 신에 대하여 "용맹한 영웅신으로 비바람을 잠재워 한 해 농사를 돌봐주고 불행한 일들이 일어나지 않도록 지켜준다"고 안내판에 새기면서 자랑스러워하고 있습니다.

'궤네기또'라는 신명은 동굴을 의미하는 '궤'에 태생의 의미로 쓴 '네기', 신神을 의미하는 '또'가 결합된 것입니다. 이름에서 알 수 있는 것처럼 궤네기또가 좌정하고 있는 궤네깃당은 동굴입니다.

궤네기또가 좌정하고 있는 궤네기굴은 만장굴 김녕사굴과 같이 제주 형성 초기의 화산 폭발로 만들어진 용암동굴입니다. 궤네기굴은 김녕리 입산봉(삿갓오름) 기슭에 위치하고 있으며 전체 길이가 200m입니다. 제주도민속자연사박물관에서 1991년부

궤네기굴의 내부 모습

터 3년간 궤네기굴을 발굴조사 했는데, 조사결과 궤네기굴은 기원전후에 사람이 거주하던 유적으로 밝혀졌다고 합니다.

그러니까 선사시대부터 이어온 삶의 역사가 궤네기또 신화에 담겨 있다고 볼 수 있습니다. 사냥을 하던 사람들이 산자락에서 내려와 해안가로 이동을 했고, 동굴을 주거지로 삼아 혈거생활을 하면서 점차 바닷길을 개척해냈던 역사가 신화 속 서사로 구전되고 있는 것이지요.

3.
아들을 낳게 해주는 김녕 서문하르방당

큰길 바로 아래 위치한 서문하르방당

위치 : **제주시 구좌읍 김녕리 4108**

예상 소요 시간 : **1시간**

거리 : **제주 공항에서 1시간 소요**

입장료 : **없음**

아름다운 바닷가마을 김녕에는 아들을 낳는 데 효험이 있는 신당이 있습니다. 바로 '서문하르방당'입니다. 옥색으로 빛나는 바다를 옆에 끼고 있어 주변 경관이 아름다운 곳이기도 합니다. 이곳에는 바다에서 올라온 돌을 미륵신으로 모시고 있는데, 아들을 낳게 하는데 효험이 있다 하여 많은 아낙네들이 찾았다고 합니다. 옛날 김녕마을에는 동문과 서문이 따로 있었는데, 하르방당이 서문 밖으로 옮겨지면서 '서문하르방당'이라는 이름을 갖게 되었습니다.

겹담으로 울타리가 둘러진 당 안으로 들어가보면, 사람 형상을 한 미륵돌이 좌정하고 있습니다. 할머니 어머니들이 와서 소

서문하르방당 미륵신 제단에 놓인 요구르트와 꽃

원을 빌고 가는 소박한 성소입니다. 미륵돌 앞에는 자연석을 포개어 삼은 제단이 있고, 그 뒤편으로 뽕나무 한 그루가 신목으로 서 있습니다. 제단 위에는 누군가 와서 빌고 간 흔적으로 빵이나 요구르트 등이 놓여 있는 것도 볼 수 있습니다.

신화 읽기 김녕 서문하르방당신화

지금으로부터 200년 전 김녕리에 윤씨하르방 부부가 고기잡이하면서 살고 있었는데, 슬하에 자식이 없음이 한이 되었다. 어느 날 영감이 다른 어부들과 바다에서 고기를 잡고 있었는데, 낚시에 고기 대신 이상한 모양의 돌미륵이 걸려 올라오면서 주위가 환하게 밝아지고, 물이 용솟음치며 물결을 이루었다. 이를 이상하게 여긴 뱃사람들이 함께 그 돌을 올려보니 바라보는 방향에 따라 형상을 달리하는 돌기둥이었다.

그때부터 어부들이 낚시를 드리우면 갈치가 무리지어 올라오는데, 윤씨 하르방 낚시에는 또 돌기둥이 올라왔다. 이상한 일이라 생각하며 배 한 쪽에 그 돌기둥을 모시고 준비해 간 음식물로 제를 지내고 나니, 고기들이 갈치뿐만 아니라 고급어종까지 수두룩 잡히는 게 아닌가. 처음에는 신이 났으나 점차 두려움이 생겨 윤씨하르방 일행은 조업을 중단하고 한

개포구(김녕항)로 돌아왔다.

그 후 윤씨하르방은 그 돌미륵을 마땅히 모셔 둘 장소가 없어서 한개포구에 던져버리고 말았는데, 다음 날부터 풍파가 일기 시작했다. 보름 동안 계속해서 궂은 바람이 불더니 고기잡이는거녕 마을에도 막대한 피해를 줬다. 초가지붕이 날아가고 농작물이 물에 잠기는 참사가 잇따라 벌어지는 것이었다.

비바람이 부는 어느 날, 윤씨하르방 꿈속에 백발노인이 나타나서 "이곳은 추워서 도저히 못 견디겠으니 따뜻한 곳으로 옮겨 달라"고 말했다. 윤씨하르방은 지난날 은덕을 져버린 자신의 잘못된 행위에 대해 빌고 또 빌었다.

그러자 백발노인은 "내가 있을 곳은 바닷속이 아니라, 뭍(육지)에서 자식을 원하는 사람들에게는 산신産神으로, 집안에 우환이 있어 평안을 원하는 사람에게는 수신守神으로, 재물이 없어 쪼들리는 사람에게는 재물신財物神이 되어 잘사는 마을을 만들어 주고자 너를 따라 왔거늘, 나를 이렇게 박대할 수 있느냐?"라고 말하면서 바다 위를 유유히 걸어 사라져버렸다.

동이 트자마자 포구로 달려가 던져버린 돌미륵을 건지려고 했더니, 드러누워 있으리라 생각했던 돌미륵이 모래 위에 딱 서 있는 것이 아닌가! 윤씨 하르방은 돌미륵을 양지바른 지금의 이곳에 안치하고, 돌로 제단을 둘러 당신堂神으로 모시며 정성을 다하게 되었다.

한편, 윤씨하르방 부인의 꿈에 관세음보살이 자주 나타나더니 사십도 넘도록 자식이 없어 시름하던 그들에게 자식을 점지해주었다. 이 소문이 곧 마을에 퍼져 마을의 아낙들이 찾아와 자식을 기원하면서 치성을 드리게 되었다.

그 이후 이웃 마을까지 영험이 있다는 소문이 알려져 자식, 재물, 집안의 평안을 바라는 사람들이 치성을 드리기도 하고, 육지 상인들도 영등물을 통해 김녕리에 들어오면 제단 밑에 엽전을 뿌리며 소원을 빌곤 했다.

(홍죽희, 여연의 『제주, 당신을 만나다』에서 인용)

김녕 서문하르방당 주변 해안 산책길

서문하르방당은 해안 산책길과 연결되어 있어 걷는 즐거움을 만끽할 수 있습니다. 해녀마을이라는 것을 나타내는 인형들의 배웅을 받으며 산책길을 걷다 보면 출렁이는 파도에 노닐고 있는 새들을 볼 수 있습니다. 특히 겨울에는 형형색색의 원앙새 떼들을 이곳 김녕 바닷가에서 볼 수 있습니다. 가만히 귀 기울이면 원앙새가 쉴 새 없이 두 발로 물살을 일으키며 내는 휘파람 소리도 들을 수 있답니다.

산책길에 조성해놓은 바닷가의 해녀 인형

원앙새가 노니는 서문하르방당 옆 바다

4. 아름다운 성세기해변과 성세깃당

성세깃당 입구

위치 : 성세깃당 _ 제주시 구좌읍 김녕리 507

성세기해변 _ 제주시 구좌읍 김녕리 497-4

예상 소요 시간 : 1시간

거리 : 서문하르방당에서 버스로 10분 거리

입장료 : 없음

김녕은 전형적인 어촌마을입니다. 특히 바다에서 각종 해산물을 채취하는 해녀들이 지금도 100여 명 살고 있다고 합니다. 그런데 바닷속으로 장비도 없이 들어간다는 것은 여간 위험한 일이 아닙니다. 해마다 물질을 하다가 죽음을 맞이하는 사고가 끊이지 않는 이유입니다. 그래서 해녀들은 자신들을 지켜주는 수호신을 신당에 모시고 간절한 마음으로 기도를 드렸습니다.

용왕의 일곱째 아들을 신으로 모시는 성세깃당

성세기해변 가까이에 있는 성세깃당은 바로 해녀들이 무사히 바다에서 돌아올 수 있기를 기원하는 당입니다. 이곳에는 용왕의 일곱째 아들을 신으로 모시고 있습니다. 예로부터 해녀들은 위험에 처했을 때 거북이를 보면 살아 돌아올 수 있었다는 얘기를 합니다. 어쩌면 이 거북이가 용왕의 아들이 아닐까요.

작고 소박한 성세깃당은 성세기해변 입구에서 남서쪽으로 300m쯤 떨어진 지점에 위치해 있습니다. 제단 앞 좌우에 궤가 하나씩 있으며, 제단 뒤의 동백나무 두 그루를 신목으로 삼고 있습니다. 당 밖에 있는 팽나무 가지가 당 안쪽까지 뻗어 들어온 상태입니다. 당신은 용왕황제국 일곱째 아들이며, 만민해녀들이 치성을 드리는 신입니다.

용왕의 아들을 모신 김녕 성세깃당

김녕의 아름다운 성세기해변

김녕에는 아름다운 성세기해변으로 유명합니다. 관광객들이 많이 찾는 곳이기도 한데, 이곳에서는 매년 3월 해녀들이 모여 '잠수굿'을 연다고 합니다. 올 한해도 바다에서 사고를 당하지 않고 무사히 돌아올 수 있기를 기원하는 것입니다.

해녀들이 잠수굿을 행하는 김녕의 성세기해변

김녕 성세기해변을 찾는 관광객들

성세기해변 근처의 밭담

제주의 독특하고 아름다운 풍광 중 하나는 밭 주변을 둘러싸고 있는 밭담입니다. 밭과 밭 사이 경계 삼아 쌓은 제주 밭담은 바람을 막아주는 기능과 함께 마소의 침입을 막는 역할도 하였습니다.

제주의 밭담을 모두 이으면 중국의 만리장성보다도 더 길다고 하는데, 이렇게 구불구불 이어진 밭담이 꿈틀거리는 검은 용과 같다 하여 '흑룡만리'라고도 부른답니다. 제주밭담은 2014년 세계중요농업유산으로 등재되었고, 제주밭담축제도 열고 있습니다.

성세기해변 근처 보리밭의 밭담

성세기 해변 옆 신작로를 건너면 제주밭담을 볼 수 있습니다. 모래땅을 일궈 농작물을 가꾸며 거센 바닷바람을 막기 위해 쌓았던 밭담입니다. 검은 현무암 울타리가 구불구불 이어진 밭담의 풍경을 보면서 김녕마을 여행의 추억을 마무리하기 바랍니다.

여행 메모

오늘의 여행지들을 차례로 적어봅시다.

인상적이었던 여행지가 있다면 어떤 점이 인상적이었는지 적어봅시다.

여행지와 관련된 신화나 전설 중 기억에 남는 것이 있다면 간단하게 줄거리를 적어봅시다.

오늘의 견문과 관련하여 좀 더 알고 싶은 내용이 있다면 정리해보세요.

여섯.

옛이야기 속닥속닥 아름다운 서귀포

여행 일정

보목동 조노깃당

⇩

제지기오름

⇩

(점심)

⇩

천지연폭포

⇩

서귀본향당

⇩

이중섭미술관

서귀포는 한라산을 중심으로 남쪽에 위치하고 있는 지역입니다. 한라산이 북풍을 막아주니 날씨가 온화하여 이곳에서 생산되는 감귤이 달고 맛있습니다. 한라산에서 급하게 경사지며 바다로 떨어지는 지형이라 해안선이 아름다운 것으로도 유명합니다. 이렇게 아름다운 서귀포에는 어떤 이야기들이 전해지고 있을까요? 옛이야기 속닥속닥 들려주는 아름다운 서귀포로 여행을 떠나봅시다.

1.
마을을 지켜주는 보목동의 한라산신

서귀포에서 바라본 한라산

위치 : **서귀포시 보목동 901 남서쪽**

예상 소요 시간 : **1시간**

거리 : **서귀포시에서 버스로 약 20분**

입장료 : **없음**

보목동은 서귀포시 중심에서 동남쪽으로 4km 정도에 자리 잡은 마을입니다. 전형적인 어촌마을로 포구 앞에 위치한 섶섬이 그린 듯이 아름답습니다. 이 마을의 기후는 매우 온화하여 겨울에도 눈이 거의 오지 않는다고 합니다. 평균 온도는 15.7℃이고, 여름 최고 기온도 26.1℃라 하니 생활하기에 쾌적한 환경입니다.

이 마을에는 노조기한집이라는 한라산신이 좌정하고 있습니다. 이 산신은 마을 사람들이 고기를 잡으러 나갔다가 풍랑을 만났을 때 구해준 산신령이기도 합니다. 그러면 아름다운 서귀포 바닷가 마을 보목동의 한라산신에 대한 신화를 먼저 감상해봅시다.

신화 읽기 보목동 조노기한집신화

보목동의 조노기한집은 한라산 백록담에서 솟아난 한라산신이다. 조노기한집은 신중부인과 함께 좌정할 곳을 찾아 백록담에서 내려왔다. 천기지기를 짚으며 아래로 내려오다 칠오름에 이르니 그곳에 청기와 차일이 쳐져 있었다. 차일이 쳐져 있다는 것은 그곳에 신이 머물고 있다는 의미이다.

조노기한집은 부인을 토평리 허씨 과부댁에 맡겨두고, 청기와 차일이 쳐져 있는 곳으로 갔다. 그곳에는 산신백관(산신) 삼형제가 장기를 두고 있었다. 한 어른은 한라영산 백관님이고, 또 한 어른은 강남천자국서 솟아난 도원님, 또 한 어른은 칠오름서 솟아난 도병서이다.

서로 통성명을 하고 나이를 따져보니 조노기한집이 제일 위였다. 그러나 산신백관 삼형제는 장기를 두어 이긴 사람을 형님으로 모시는 것이 어떠냐고 제안하였다. 이에 조노기한집은 흔쾌히 수락하였다.

네 산신이 앉아서 장기를 두는데 조노기한집이 이길 듯하였다. 그러자 산신백관 삼형제는 서로 훈수를 두며 합심하여 결국 조노기한집을 이겼다. 조노기한집은 장기에 졌음을 인정하였고, 산신백관 삼형제에게 먼저 좌정할 땅을 차지하라고 양보하였다.

산신백관 삼형제는 자신들이 형이니 위쪽을 차지하겠다고 하여 배야기뒌밧(남원읍 하례리의 지명)에 좌정하였고, 조노기한집은 바닷가 쪽으로 내려와 보목동에 좌정하였다.

읽어보면 내용이 밋밋하고 단순하게 느껴지는 신화입니다. 내기 장기를 두어 이긴 산신이 형님이 되어 먼저 자리 잡을 지역을 차지하고, 장기에서 진 조노기한집이 바닷가 마을 쪽을 선택한다는 스토리가 전부입니다.

이렇게 겉으로 드러나는 이야기는 단순하지만 여기에는 깊은 뜻이 담겨 있습니다. 내기 장기에서 이긴 예촌 본향은 위쪽 지역을 차지하고 진 조노기한집은 아래로 내려와 바닷가 쪽을 차지했다고 했는데, 그 위라는 곳은 바로 한라산 자락 높은 지대를 말하는 것입니다. 많이 비탈지지만 그래도 예촌본향이 좌정한 하례리는 농사를 지을 수 있는 곳이죠. 양지 바른 한라산 기슭에 남녘의 햇살을 담뿍 받으며 귤이 노랗게 읽어가는 풍경들이 펼쳐지는 곳입니다.

바둑에서 진 조노기한집은 농사지을 땅이 부족하여 바다에서 고기를 잡아야 살 수 있는 아랫마을 보목동으로 내려왔습니다. 선사시대 살 곳을 찾아 유랑하던 조상들 중에 세력이 강한 이

한라산 자락에 계단식으로 조성된 하례리 귤밭들

들은 먼저 농사를 지을 수 있는 지역을 차지했고, 세력이 약하거나 뒤늦게 도착한 이들은 하는 수 없이 아래로 밀려나 해안가에 정착했다는 서사가 신화 속에 담겨 있습니다.

한라산신이 좌정하고 있는 조노깃당

조노깃당은 500년이 넘는 조록나무가 동굴 위에 우거져 있어 붙여진 이름입니다. 작은 하천 옆에 위치하고 있는데, 가까이 가 보면 "이 조노깃당에는 한라산신인 조노기한집이 좌정하고 있어 마을과 가정의 재앙을 막아준다"고 안내문을 세워놓고 있습니다. 보통 신이 좌정하고 있는 당(집)을 '큰집'이라는 의미에서 '한집'이라고 하고, 그곳에 좌정하고 있는 신 역시 '한집'이라고 합니다.

조노깃당 입구에는 산신을 나타내는 조각상이 세워져 있습니다. 조각상 옆에는 '보목마을 본향당 설화'라고 하면서 이야기를 기록해놓은 게시판도 있습니다. 보목 마을에서 고기잡이를 하여 살아가던 일곱 형제의 이야기입니다.

하례리에서 바라본 바닷가 풍경

조노깃당 입구에 세워진 산신상

어느 날 아들 일곱 형제가 바다에 나갔다가 풍랑을 만나 표류하였다. 그러다가 외눈박이 땅에 이르러 화적떼인 외눈박이들에게 잡아먹힐 처지에 놓였다. 백발노인의 도움으로 도망쳐 간신히 목숨을 구하게 되었고, 그 노인을 모시고 마을로 돌아와 살면서 많은 자손들과 재물을 얻어 부자가 되었다.

이후 세월이 흘러 노인이 죽자 그 노인이 사람의 형상을 한 신령이었음을 알게 되었다. 그래서 제지기오름 아래 당집을 지어 모시다가 이곳 조노기 궤(동굴)로 옮겨 제사를 지내었다. 훗날 마을 사람들도 이 신을 본향당신으로 모시게 되면서 매인 심방을 정하여 마을의 안녕과 번영을 비는 제를 올리게 되었다.

조노깃당은 동굴로 된 신당입니다. 마을 사람들이 자연동굴의 입구를 막고 제단을 설립하여 제를 지내는 곳이죠. 이 동굴은 거대한 나무뿌리 아래에 위치하고 있어 이색적인 풍광을 자아내고 있습니다.

굴 입구에서 위로 고개를 들면 거대한 나무가 동굴 위에 자리하고 있는 것을 볼 수 있습니다. 거대한 뿌리가 돌로 된 동굴

동굴 입구이기도 한 조노깃당

위에 박혀 있는데 어떻게 저리 자랄 수 있을까 하는 의문이 들기도 합니다. 나무 아래에 커다란 동굴이 있다는 것도 놀라운데 주변 풍광도 이색적이고 아름다우니 입구에서부터 절로 입이 벌어집니다.

동굴 안에는 제단이 3단으로 되어 있고, 계속 이어지는 동굴 맞은편을 막아 창문처럼 문을 내놓은 것이 집 안방에 있는 듯합니다.

동굴 천장 돌 틈에 잔뿌리들이 내려와 있는 것도 볼 수 있습니다. 그러니까 동굴 위에 뿌리를 박은 나무들이 어떻게든 살아보려고 돌을 뚫고 안까지 뿌리를 내려보낸 것이지요. 동굴 위 천

굴속의 제단과 이어지는 굴쪽으로 작게 나 있는 창문

장에는 모래알들이 붙어 있어 옛날에는 이곳이 바다였다는 것을 상상할 수 있습니다.

2.
전망이 아름다운 보목동 제지기오름

제지기오름으로 올라가는 숲길

위치 : **서귀포시 보목동 275-1**

예상 소요 시간 : **1시간**

거리 : **서귀포시에서 버스로 20분**

입장료 : **없음**

제지기오름은 해발고도 94.8m의 야트막한 화산분석구로 보목동 포구 바로 앞에 자리하고 있습니다. 비교적 야트막하고 작은 오름이지만 정상에서 바라보는 서귀포 앞바다의 풍경이 아름다워 추천했습니다. 보목동 조노깃당에서 바닷가 쪽으로 내려오면 금방 도착할 수 있습니다.

오름으로 올라가는 산책길에는 양옆으로 상록수와 활엽수 등이 촘촘하게 자라고 있어 숲 터널을 걷는 기분을 즐길 수 있습니다. 제지기오름은 제주 올레 6코스에 포함되어 있습니다.

제지기오름 입구 쪽에는 "오름 남쪽 중턱의 굴이 있는 곳에 절과 절을 지키는 사람인 절지기가 있었다 하여 절오름, 절지기오름으로 불리다가 와전되어 제재기오름이라 부르게 되었다는 설이 있으며, '저즉지貯卽只', '저즉악貯卽岳'으로 표기되는 등 '저'자가 쓰인 것으로 보아 오름 모양이 낟가리와 비슷한 데서 유래되었다는 설이 있다"고 안내하고 있습니다.

울창한 숲길을 오르는 즐거움을 만끽할 새도 없이 정상에 다다르면 곧바로 펼쳐지는 아름다운 전망에 절로 감탄하는 소리가 터져 나옵니다. 섶섬이 떠 있는 바다와 옹기종기 모여 앉은 집들이 예쁘게 그려진 한 폭의 풍경화처럼 펼쳐집니다.

제지기오름에서 바라본 보목동 풍경

보목동에는 자리돔이라는 바닷고기를 많이 잡고 있습니다. 그래서 이곳은 '자리물회'가 유명합니다. 오름에서 내려와 포구 앞에 서면 보목리 시인 한기팔님의 시비가 세워져 있는데, 시의 제목이 '자리물회를 먹으며'입니다.

보목동 마을은 농사지을 땅이 부족해서 바다에서 고기를 잡아 곡식과 바꿔 먹으며 살았다고 합니다. 바다에 여(물 위로 튀어나온 바위)가 많아 특히 '자리돔'이 많이 잡혔다는군요. 이 자리돔으로 요리하다 보니 자리 구이, 자리 물회 같은 음식이 발달했고, 자리돔으로 국도 끓여먹었다고 합니다.

한기팔 시인의 시비

푸짐하게 내놓은 자리물회

3.
하늘과 땅이 만나는 천지연폭포

위치 : 서귀포시 서홍동 2565

예상 소요 시간 : 1시간

거리 : 제주시에서 버스로 약 1시간

입장료 : 청소년 1,000원, 단체 600원

아름다운 서귀포항과 무인도인 새섬 쪽으로 물이 흘러가는 천지연계곡에 천지연폭포가 있습니다. 하늘과 땅이 만나는 연못이라는 천지연! 그 이름처럼 마치 신선의 계곡에 온 듯 신비한 분위기를 느낄 수 있습니다. 하늘을 가린 나뭇잎 그림자들이 물살에 어른거리고, 물결을 타며 한가롭게 휘파람소리를 내는 원앙새들은 도시에 찌든 우리의 눈을 씻어주고도 남는 풍경을 연출합니다.

천지연계곡 주변의 남대림과 담팔수 자생지, 무태장어 서식지는 천연기념물로 지정되어 있습니다. 특히 아열대성·난대성의 각종 상록수와 양치식물 등이 밀생하고 있어 생태적·학술적 가치

아열대성 숲이 우거진 천지연폭포 입구

천지연폭포 전경

가 매우 높은 것으로 평가받고 있지요.

전국 최대 규모라는 천지연폭포의 계곡에는 무태장어가 서식하고 있습니다. 무태장어는 뱀장어목 뱀장어과에 속하는 열대성 대형 민물고기로 몸길이가 60~120cm 정도 됩니다. 무태장어는 바다에서 산란하고 하천이나 호수로 돌아오는 어류로 낮에는 하천이나 호수 깊은 곳에 숨어 있다가 밤에는 얕은 곳으로 나와 먹이를 잡아먹는다고 하네요.

천지연계곡의 연못 속에는 신령스러운 용이 살았다는 전설이 전해지고 있습니다. 그래서 오랫동안 비가 오지 않을 때는 이곳에서 기우제를 지냈고, 그러면 다시 비가 내렸다고 합니다. 다

무태장어 서식지 천지연계곡

천지연계곡길 옆 돌하르방

음 행선지로 발길을 돌리기 전에 마지막으로 천지연폭포의 용에 대한 전설을 감상해보시기 바랍니다.

전설 읽기 천지연폭포와 여의주

옛날 이조 중엽쯤 일이다. 이 마을에 얼굴이 어여쁘고 마음이 고우며 행실이 얌전하다고 소문 난 순천이라는 여인이 살고 있었다. 그래서 순천을 마음에 두고 있는 동네 총각들이 많았다. 그러한 총각 중에 명문이도 끼어 있었다.

그러나 순천은 열아홉 살이 되자 부모님이 정해준 대로 이웃 마을 법환리 강씨 댁으로 시집을 가버리고 말았다. 마을 총각들은 서운해했고, 특히 명문은 크게 상심하여 마음을 잡지 못하였다.

시집 간 순천은 가정을 알뜰히 꾸리면서 화목한 결혼생활을 이어갔다. 그러다가 어느 가을 술과 떡을 마련하고 친정나들이에 나섰다. 순천이 친정에 왔다가 돌아간다는 것을 알게 된 명문이 천지연 입구에서 기다렸다.

날이 어두워질 쯤 순천은 시댁으로 돌아가기 위해 친정집을 나섰다. 순천이 천지연폭포 근처에 이르렀을 때 명문이가 불쑥 나타났다. 명문은 순천의 손을 잡으며 사랑을 고백하고 같이 살자고 애원했다.

순천은 놀라는 가운데서도 침착하게, 자신은 이미 가정을 이루고 있으니 가능하지 않다고 완곡하게 거절하였다. 그러나 명문은 막무가내로 순천을 끌고 가려 하였다. 순천이 소리쳐 사람들을 부르겠다고 말했지만 명문은 아랑곳하지 않고 누구라도 자신을 방해한다면 같이 폭포를 뛰어내려 죽어버리겠다고 협박했다.

그때였다. 우르릉 소리와 함께 바로 아래 천지연 물에서 어마어마한 용이 한 마리 솟구쳐 오르더니 순식간에 명문을 낚아채고는 하늘로 솟아올랐다. 순천은 순식간에 일어난 일이라 너무 놀라 정신을 잃었다.

한참 만에 깨어난 순천은 주변이 환한 것을 알고 주위를 둘러보다 자신의 발밑에서 여의주를 발견하였다. 순천은 빛나는 여의주를 품에 안고 등불 삼아 밤길을 걸어 시댁으로 돌아갔다.

순천은 여의주를 몰래 간직하였다. 그 때문일까? 순천에게 모든 일이 잘되기만 하였다. 만사형통하여 집안이 번창하자 일가에서는 이 모든 일이 며느리 덕이라고 칭찬을 아끼지 않았다.

4.
서귀본향당과 이중섭미술관

서귀본향당과 이중섭미술관이 있는 솔동산

위치 : 서귀포시 이중섭로 27-3

예상 소요 시간 : 2시간

거리 : 제주시에서 버스로 약 1시간

입장료 : 서귀본향당 _ 무료

이중섭미술관 _ 청소년 800원, 단체 500원

천지연폭포가 있는 곳에서 오르막길을 10분 정도 올라가면 솔동산이라는 언덕에 서귀본향당과 이중섭미술관이 있습니다. 솔동산은 '푸른 소나무가 우거진 동산'이란 뜻에서 붙여진 이름입니다.

원래 제주도는 바람이 거세고, 비가 잦은 지역이지만, 제주도 안에서도 한라산 남쪽인 서귀포가 상대적으로 더 강우량이 많고 안개도 자주 낍니다. 이러한 날씨의 변덕을 신들의 싸움으로 형상화해 놓은 신화가 있습니다. 바람웃도와 고산국, 지산국이 변화무쌍한 기상상황을 만드는 주인공들이지요.

서귀본향당에는 제주도의 한라산신인 바람웃도가 좌정하고 있습니다. 이 신은 이름처럼 바람을 제대로 피운 바람둥이이기도 합니다. 서귀본향당을 탐방하기 전에 천하의 바람둥이 한라산신인 바람웃도에 관한 신화를 감상해볼까요.

신화 읽기 서귀본향당 신화

제주 땅 설매국에 상통천문 하달지리上通天文 下達地理**하여, 위로 하늘의 이치에 막힘이 없고, 아래로 세상일에 통달한 일문관 바람웃도가**

솟아났다. 바람웃도는 바다 건너 만 리 밖, 비오나라 비오천리 홍토나라 홍토천리에 사는 고산국이 미인이라는 소문을 듣고 한 걸음에 달려가서 부부 인연을 맺는다.

그런데 사실을 알고 보니 천하일색 아름다운 여인은 부인이 아니라 부인의 동생인 처제였다. 바람웃도는 처제를 꾀어내어 한밤중에 청구름을 타고 제주영산인 한라산으로 도망갔다. 날이 밝아서야 고산국은 남편이 동생과 함께 달아난 사실을 알게 되었고, 이에 분노하여 회오리바람을 일으키며 한라산으로 쫓아간다.

고산국은 남편 바람웃도가 동생과 사랑에 빠져 부부인연을 맺은 사실을 알고는 분개하였다. 그래서 뿡개(줄을 매단 돌덩어리)를 빙빙 돌리다가 둘을 향해 던지며 죽이려 한다. 하지만 도술에 능한 동생이 안개를 피워 칠흑 같은 밤을 만들어버렸고, 고산국은 안개에 갇혀 정신이 아득하였다.

위기에 처한 고산국은 매정한 동생을 나무라다가, 더 이상 둘의 관계를 상관하지 않을 테니 안개를 거두어 달라고 사정했다. 이에 바람웃도는 나뭇가지를 땅에 박아 닭의 형상을 만들었고, 닭이 홰를 치자 새벽이 밝아오며 안개가 삽시간에 걷혔다.

고산국은 비로소 한라산에서 빠져나올 수 있었지만 가슴 속 억울함을 참을 수 없었다. 그래서 동생에게 이제 우리는 남남이니 '지'가로 성을 바꾸고 제 갈 길을 가라고 선언한다. 이때부터 고산국의 동생은 '지산국'

이 되었다. 이렇게 동생과 인연을 끊어버린 고산국은 남쪽으로 내려와 서홍리 신으로 좌정하였다.

한편 바람웃도는 천리경 걸령쇠를 놓아 쌀오름 봉우리에 백차일을 치고 앉았다. 그때 웃서봉에 사는 김봉태란 사람이 개를 데리고 사냥을 하러 하잣, 중잣, 상잣을 넘어오다 백차일이 둘러 있으므로(신이 좌정하고 있으므로) 가서 문안인사를 드렸다. 바람웃도는 김봉태에게 '산구경 인물차지'하러 왔다고 하며 길 안내를 해달라고 부탁한다.

김봉태는 바람웃도와 지산국을 웃서귀에 인도하였는데 그곳에 마땅한 좌정처가 없었다. 그래서 바람웃도가 김봉태에게 집으로 인도하면 연 석 달만 머물겠다고 한다. 김봉태는, 인간의 집은 먼지가 많고 그을음 내가 나서 신이 있을 곳이 못 된다 사정을 말하고 '웃당팟'에 신당을 지어 머물게 하였다.

바람웃도는 연 석 달을 머물려 했는데 말 탄 인간 지나가고, 동네 개들이 어정거리니 이것저것 거슬려서 살 수 없었다. 그리하여 '웃당팟'을 떠나 조용한 먹고흘궤 숲에 좌정하였다. 하지만 석 달을 경과해가니 이번에는 울창한 숲에 시냇물 소리만 들리는 것이 울적하여 살 수 없었다.

바람웃도는 서홍리를 차지하고 있는 고산국을 찾아가 원만하게 땅을 갈라 같이 좌정하자고 사정한다. 하지만 고산국은 노여움을 풀지 않고 땅을 가를 수 없다고 거절하면서 뿡개(줄을 매단 돌덩이)를 날렸다. 뿡개가 혹담(지명)에 이르니 고산국은 혹담을 경계로 그 안으로 들어서지 말

바람웃도가 쏜 화살이 떨어졌다는 서귀동 앞바다 문섬

라고 통보하였다. 혹담을 경계로 하여 고산국은 서홍리를 차지하고, 지산국은 동홍리(상서귀)에 좌정했다.

바람웃도도 좌정할 곳을 정하기 위하여 화살을 날렸는데 화살이 문섬 '한돌'에 이르렀다. 그리하여 바람웃도는 문섬이 있는 하서귀를 차지하게 되었다.

한편, 바람웃도가 바람을 피운 일로 자매지간에 원수가 되니, 고산국을 모시는 서홍리와 지산국을 모시는 동홍리는 서로 혼사도 맺지 않는다.

(홍죽희외, 『제주, 당신을 만나다』의 내용을 바탕으로 정리)

돌집으로 조성된 서귀본향당

서귀본향당 신화 안내석

서귀본향당

서귀본향당은 향토유산 제14호로 지정된 신당으로 바람신인 바람웃도가 좌정하고 있습니다. 서귀포 앞 바다가 훤히 내려다보이는 솔동산에 위치하고 있습니다. 이곳은 초가 모양의 당집과 안내석 등이 조성되어 있으나 찾는 사람은 그다지 많지 않습니다. 하지만 바람신에 대한 신화를 알고 있는 이들은 일부로 찾아와 둘러보는 곳이기도 합니다.

이중섭미술관과 이중섭거리

서귀본향당 바로 아래쪽에는 제주에서 한국전쟁 피난생활을 1년 남짓 보냈던 화가 이중섭의 미술관이 있습니다. 이중섭은 솔동산 인근에 방 한 칸 빌려 거주하며 〈서귀포의 환상〉, 〈섶섬이 보이는 풍경〉, 〈물고기와 노는 세 아이〉 등의 명작을 그렸습니다.

이중섭미술관은 이중섭 화가를 기념하여 건립하였고, 이 일대를 이중섭거리라고 명명하고 있습니다. 서귀포 앞바다가 훤히 내려다보이는 아름다운 언덕배기가 천년 탐라의 풍신 바람웃도의 거리가 아니라 이중섭거리가 된 것입니다.

이중섭미술관 안으로 들어가보면, 1층 상설전시실에는 이중섭의 작품 몇 점과 이중섭이 그의 아내와 주고받았던 편지들이

서귀본향당 옆에 위치한 이중섭미술관

전시된 이중섭 작품들

있습니다. 이중섭의 가족에 대한 그리움이 잘 담겨져 있는 것들입니다. 2층 기획전시실에서는 이중섭미술관 소장품을 중심으로 하는 기획전과 그 밖의 지역 화가 중심의 기획전 등이 개최되고 있습니다.

전시실 관람을 마치고 이중섭미술관 옥상으로 올라가면 서귀포 앞 바다 풍경이 시원하게 펼쳐집니다. 한라산 쪽으로 바짝 올라선 솔동산의 매력을 실감할 수 있는 공간이죠. 그래서 이중섭미술관에 가면 꼭 옥상으로 올라가볼 것을 권하곤 합니다. 섶섬이 정겨운 모습으로 앉아있는 쪽빛 바다는 하늘과 맞닿아 있고, 남녘의 햇살과 어우러진 집들이 정겹게 어깨를 맞대고 있어 여행자의 눈을 즐겁게 하거든요.

미술관 입구 쪽에는 다양한 기념품을 구입할 수 있도록 기념품 판매 공간을 마련해놓고 있습니다. 모두 이중섭의 작품을 소

이중섭미술관 옥상에서 바라본 서귀포 앞바다 섶섬

기념품 판매 공간

재로 제작된 다양한 기념품들입니다.

이중섭미술관 주변은 아름다운 정원입니다. 나아가 100년이 넘는 나무들 옆으로 돌담길이 정비되어 있고, 화초들이 사철 꽃을 피우고 있습니다. 이중섭이 살았던 초가도 보존되어 있습니다. 바닷바람이 시원하게 불어올라오는 솔동산 이중섭거리를 산책하며 서귀포 여행을 마무리하기 바랍니다.

이중섭이 살았던 초가

아내와 두 아들까지 네 식구가 살았던 1.4평 방

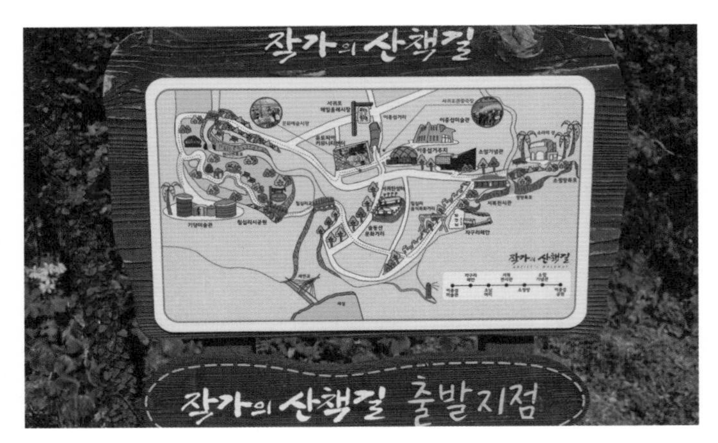

이중섭거리 안내도

서귀본향당과 미술관으로 이어지는 돌담길

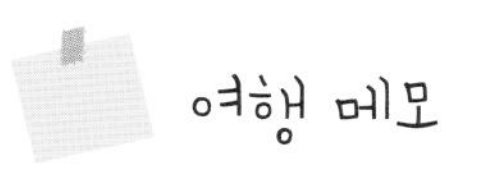

여행 메모

오늘의 여행지들을 차례로 적어봅시다.

인상적이었던 여행지가 있다면 어떤 점이 인상적이었는지 적어봅시다.

여행지와 관련된 신화나 전설 중 기억에 남는 것이 있다면 간단하게 줄거리를 적어봅시다.

오늘의 견문과 관련하여 좀 더 알고 싶은 내용이 있다면 정리해보세요.

부록.

제주도 지역별 체험학습지 안내

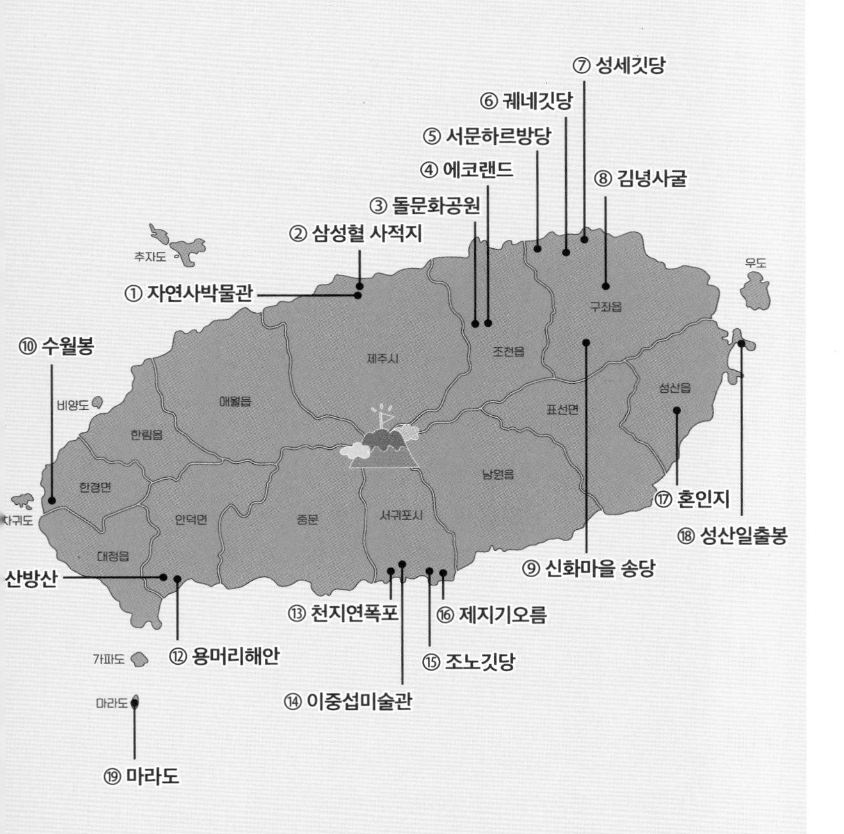

⑦ 성세깃당
⑥ 궤네깃당
⑤ 서문하르방당
④ 에코랜드
⑧ 김녕사굴
③ 돌문화공원
② 삼성혈 사적지
추자도
우도
① 자연사박물관
구좌읍
⑩ 수월봉
제주시
조천읍
성산읍
비양도
애월읍
표선면
한림읍
한경면
남원읍
⑰ 혼인지
안덕면
중문
서귀포시
⑱ 성산일출봉
대정읍
산방산
⑨ 신화마을 송당
⑬ 천지연폭포
⑯ 제지기오름
가파도
⑫ 용머리해안
⑮ 조노깃당
⑭ 이중섭미술관
마라도
⑲ 마라도

제주시

① 자연사박물관

위치 : 제주시 삼성로 40(일도이동)

예상 소요 시간 : 2시간

거리 : 제주 공항에서 15분 거리, 삼성혈 근처 위치

입장료 : 성인 2,000원, 단체(10인 이상) 1,600원
청소년 1,000원, 단체 800원(만13세 이상-만24세 이하)

휴관 : 매주 월요일, 1월 1일, 설날 및 다음날, 추석 및 추석 다음날

② 삼성혈 사적지

위치 : 제주시 삼성로 22(이도일동)

예상 소요 시간 : 1시간

거리 : 제주 공항에서 15분 거리, 시내 중심가

입장료 : 성인 2,500원 단체(30인 이상) 2,000원
청소년 1,700원, 단체(30인 이상) 1,100원(13-18세)

휴관 : 연중무휴(1월 1일, 설날, 추석은 오전 9시에서 10시 개장으로 변경)

③ 돌문화공원

위치 : 제주시 조천읍 남조로 2023

예상 소요 시간 : 3시간

거리 : 제주 공항이나 서귀포시에서 버스로 약 40분

입장료 : 성인 5,000원, 단체(10인 이상) 4,000원(19~64세)
청소년 3,500원, 단체(10인 이상) 2,800원(13~18세)

휴관 : 매주 월요일

④ 에코랜드

위치 : 제주시 조천읍 번영로 1278-169

예상 소요 시간 : 3시간 정도

거리 : 제주 공항이나 서귀포시에서 버스로 약 40분

입장료 : 성인 14,000원, 단체(20인 이상) 12,000원
청소년 12,000원, 단체(20인 이상) 10,000원

휴관 : 연중 무휴

⑤ 서문하르방당

위치 : 제주시 구좌읍 김녕리 4108

예상 소요 시간 : 1시간

거리 : 제주 공항에서 1시간 소요

입장료 : 없음

⑥ 궤네깃당

위치 : 제주시 구좌읍 김녕리 1901

예상 소요 시간 : 30분

거리 : 제주 공항에서 1시간, 만장굴에서 운전 10분

입장료 : 없음

⑦ 성세깃당 & 성세기해변

위치 : 성세깃당 _ 제주시 구좌읍 김녕리 507
성세기해변 _ 제주시 구좌읍 김녕리 497-4

예상 소요 시간 : 1시간

거리 : 서문하르방당에서 버스로 10분 거리

입장료 : 없음

⑧ 만장굴 & 김녕사굴

위치 : 만장굴 _ 제주시 구좌읍 만장굴길 182

김녕사굴 _ 제주시 구좌읍 김녕리 201-4

예상 소요 시간 : 2시간

거리 : 제주 공항에서 1시간

입장료 : 청소년 2,000원, 단체 1,500원

⑨ 신화마을 송당

위치 : 제주시 구좌읍 송당리 산 199-1

예상 소요 시간 : 2시간

거리 : 제주 공항에서 버스로 1시간, 에코랜드에서 20분

입장료 : 없음

⑩ 수월봉

위치 : 제주시 한경면 노을해안로 1013-70 (수월봉 고산 기상대)

예상 소요 시간 : 2시간

거리 : 제주 공항에서 1시간

입장료 : 없음

⑪ 산방산

위치 : 서귀포시 안덕면 산방로 218-10

예상 소요 시간 : 2시간

거리 : 제주 공항에서 1시간

입장료 : 산방산 정상은 등반 불가, 중간 산방굴사까지 가능
성인 1,000원, 단체(10인 이상) 700원
청소년 500원, 단체(10인 이상) 400원

* 산방산과 용머리해안 통합 관람 가능
성인 2,500원, 단체(10인 이상) 2,000원
청소년 1,500원, 단체 1,000원

⑫ 용머리해안

위치 : 서귀포시 안덕면 사계남로216번길 24-32

예상 소요 시간 : 2시간

거리 : 제주 공항에서 1시간 소요, 산방산 인근

입장료 : 성인 2,000원, 단체(10인 이상) 1,600원
청소년 1,000원, 단체(10인 이상) 600원

* 입장 가능 및 시간 확인 필수(물때 및 날씨에 따라 변동)

⑬ 천지연폭포

위치 : 서귀포시 서홍동 2565
(답사 시에는 서귀포시 남성중로 2-9 서귀포 주차장에 주차)

예상 소요 시간 : 1시간

거리 : 제주시에서 버스로 약 1시간

입장료 : 성인 2,000원, 단체(10인 이상) 1,600원
청소년 1,000원, 단체(10인 이상) 600원

휴관 : 연중 무휴

⑭ 이중섭미술관

위치 : 서귀포시 이중섭로 27-3

예상 소요 시간 : 2시간

거리 : 제주시에서 버스로 약 1시간

입장료 : 성인 1,500원, 단체(10인 이상) 1,000원
청소년 800원, 단체(10인 이상) 500원

휴관 : 매주 월요일, 1월 1일, 설날, 추석

⑮ 조노깃당

위치 : 서귀포시 보목동 901 남서쪽

예상 소요 시간 : 1시간

거리 : 서귀포시에서 버스로 약 20분

입장료 : 없음

⑯ 제지기오름

위치 : 서귀포시 보목동 275-1

예상 소요 시간 : 1시간

거리 : 서귀포시에서 버스로 20분

입장료 : 없음

⑰ 혼인지

위치 : 서귀포시 성산읍 혼인지로 39-22

예상 소요 시간 : 1시간

거리 : 제주 공항에서 1시간 거리

입장료 : 없음

휴관 : 연중 무휴

⑱ 성산일출봉

위치 : 서귀포시 성산읍 성산리 78

(답사 시에는 서귀포시 성산읍 일출로 284-6 주차장에 주차)

예상 소요 시간 : 2시간

거리 : 제주 공항에서 1시간 거리, 혼인지 근처

입장료 : 성인 5,000원, 단체 4,000원

청소년 2,500원, 단체 2,000원

휴관 : 매월 첫째 월요일(성산일출봉 정상 제외 일부구관 무료 탐방 가능)

⑲ 마라도

위치 : 서귀포시 대정읍 마라로101번길 46

예상 소요 시간 : 2시간

거리 : 대정읍 모슬포항에서 배로 30분 정도 소요(여객선 4차례 왕복 운행)

승선요금 : 성인 왕복 19,000원(해상공원 입장료 포함), 단체(30인 이상) 17,200원

청소년 왕복 18,800원(해상공원 입장료 포함), 단체(30인 이상) 15,200원

* 성수기 비수기별 배편 운항횟수 변경될 수 있음.

날씨에 따른 운항여부 등 확인 요망.

청소년을 위한 즐거운 공부 시리즈

청소년을 위한 사진 공부
사진을 잘 찍는 법부터 이해하고 감상하는 법까지

홍상표 지음 | 128×188mm | 268쪽 | 13,000원

20여 년을 사진작가로 활동해온 저자가 사진의 탄생, 역사와 의미부터 사진 촬영의 단순 기교를 넘어 사진으로 무엇을, 어떻게 소통할지를 흥미롭고 재미있게 들려주는 책이다.

책따세 겨울방학 추천도서

청소년을 위한 시 쓰기 공부
시를 잘 읽고 쓰는 방법

박일환 지음 | 128×188mm | 232쪽 | 12,000원

시라는 게 무엇이고, 사람들이 왜 시를 쓰고 읽는지, 시와 일상은 서로 어떻게 연결되고 있는지, 실제로 시를 쓸 때 도움이 되는 이론과 방법까지 쉽고 재미있게 풀어내는 책이다.

행복한아침독서 '함께 읽어요' 추천도서

청소년을 위한 철학 공부
열두 가지 키워드로 펼치는 생각의 가지

박정원 지음 | 128×188mm | 252쪽 | 13,000원

시간과 나, 거짓말, 가족, 규칙, 학교, 원더랜드, 추리놀이, 소유와 주인의식, 기억과 망각 등 우리 삶과 떼려야 뗄 수 없는 주제들로 독자들이 흥미롭고 재미있게 철학에 접근할 수 있도록 펴낸 길잡이 책이다.